Wissenschaftliche Taschenbücher

Mathematik · Physik

Gottfried Fritzsche

Grundlagen und Entwurf passiver Analogzweipole

Akademie-Verlag · Berlin

WTB Wissenschaftliche Taschenbücher

Eine Auswahl lieferbarer Bände:

JOACHIM AUTH / DIETMAR GENZOW
KLAUS H. HERRMANN
Photoelektrische Erscheinungen

HANS BANDEMER
ANDREAS BELLMANN
WOLFHART JUNG / KLAUS RICHTER
Optimale Versuchsplanung

FRANK BEICHELT
Prophylaktische Erneuerung von Systemen

JOACHIM BELLACH / PETER FRANKEN
ELKE WARMUTH / WALTER WARMUTH
Maß, Integral und bedingter Erwartungswert

WOLFRAM BRAUER
HANS-WALDEMAR STREITWOLF
Theoretische Grundlagen der Halbleiterphysik

SIEGFRIED BREHMER
Einführung in die Maßtheorie

SIEGFRIED BREHMER
Hilbert-Räume und Spektralmaße

JOHN CUNNINGHAM
Vektoren

GEORG DAUTCOURT
Relativistische Astrophysik

K. CH. DELOKAROV
Relativitätstheorie und Materialismus

WERNER DÜCK
Diskrete Optimierung

HANNELORE FISCHER
JOACHIM PIEHLER
Modellsysteme der Operationsforschung

HERBERT GOERING
Asymptotische Methoden zur Lösung von Differentialgleichungen

HERBERT GOERING
Elementare Methoden zur Lösung von Differentialgleichungsproblemen

EDUARD HERLT / NIKOLAUS SALIÉ
Spezielle Relativitätstheorie

HELMUT HESS
Der elektrische Durchschlag in Gasen

V. I. KARPMAN
Nichtlineare Wellen in dispersiven Medien

ULRICH KAUSMANN
KLAUS LOMMATZSCH
FRANTIŠEK NOŽIČKA
Lineare parametrische Optimierung

A. R. KESSEL
Akustische Kernresonanz

KONRAD KREHER
Festkörperphysik

DIETER KRESS
Theoretische Grundlagen der Signal- und Informationsübertragung

DIETER LEUSCHNER
Grundbegriffe der Thermodynamik

V. S. LETOCHOW
Laserspektroskopie

DIERCK-EKKEHARD LIEBSCHER
Relativitätstheorie mit Zirkel und Lineal

WOLFGANG MEILING
Digitalrechner in der elektronischen Meßtechnik
Teil 1: Meßmethodik
Teil 2: Gerätetechnik und Anwendungen

L. I. MIROSCHNITSCHENKO
Kosmische Strahlen im interplanetaren Raum

PETER PAUFLER
GUSTAV E. R. SCHULZE
Physikalische Grundlagen mechanischer Festkörpereigenschaften
Teil I und II

ULRICH RÖSEBERG
Quantenmechanik und Philosophie

ALBRECHT ROST
Messung dielektrischer Stoffeigenschaften

J. V. SAČKOV
Wahrscheinlichkeit und Struktur

E. M. SAWIZKI
Perspektiven der Metallforschung

WOLFGANG SCHÄFER
Theoretische Grundlagen der Stabilität technischer Systeme

ERNST SCHMUTZER
Symmetrien und Erhaltungssätze der Physik

VOLKMAR SCHURICHT
Kernexplosionen für friedliche Zwecke

NORBERT SIEBER
HANS-PETER LEIDHOLD
Einführung in die Datenverarbeitung

GERHARD WUNSCH
Zellulare Systeme

Festkörperphysik
Entwicklungstendenzen und Anwendungsmöglichkeiten

Die Schöpfer der physikalischen Optik
Eine Artikelsammlung

HANS-GEORG SCHÖPF
Von Kirchhoff bis Planck

HORST MELCHER
Albert Einstein wider Vorurteile und Denkgewohnheiten

RENATE WAHSNER
Mensch und Kosmos
Die copernicanische Wende

HELMUT FRIEMEL / JOSEF BROCK
Grundlagen der Immunologie

EBERHARD HOFMANN
Funktionelle Biochemie des Menschen
Band 1 und 2

LOTHAR JÄGER
Grundlagen der Klinischen Immunologie

KARLHEINZ LOHS
DIETER MARTINETZ
Entgiftung — Mittel, Methoden und Probleme

JOACHIM NITSCHMANN
Entwicklung bei Mensch und Tier

STEPHAN SCHNITZLER
Pharmakologische Aspekte von Immunreaktionen

DIETER SPAAR
HELMUT KLEINHEMPEL
HANS JOACHIM MÜLLER
KLAUS NAUMANN
Bakteriosen der Kulturpflanzen

EBERHARD TEUSCHER
Pharmakognosie
Teil I—III

MICHAEL THEILE
SIEGFRIED SCHERNECK
Zellgenetik

HEINRICH BREMER
KLAUS-PETER WENDLANDT
Heterogene Katalyse

PETER BIRNER
HANS-JÖRG HOFMANN
CORNELIUS WEISS
MO-theoretische Methoden in der organischen Chemie

GÜNTHER EPPERT
Einführung in die Schnelle Flüssigchromatographie

GERHARD GEISELER / HEINZ SEIDEL
Die Wasserstoffbrückenbindung

HELMUT HRAPIA
Einführung in die Chromatographie

HANS LUPPA
Grundlagen der Histochemie
Teil I und II

DIETER ONKEN
Antibiotika — Chemie und Anwendung

BURKART PHILIPP
GERHARD REINISCH
Grundlagen der makromolekularen Chemie

HORST REMANE / RAINER HERZSCHUH
Massenspektrometrie in der organischen Chemie

ADOLF ZSCHUNKE
Kernmagnetische Resonanzspektroskopie in der organischen Chemie

Vorschau auf die nächsten Bände:

HEINRICH ARNOLD
Physikalische Chemie der Halbleiter

WERNER DÖPKE
Dynamische Aspekte der Stereochemie organischer Verbindungen

GOTTFRIED FRITZSCHE
Entwurf aktiver Analogsysteme
Netzwerke III

FALKO H. HERRMANN
MARINA HERRMANN
Das Hämoglobin des Menschen

GERHARD JACKISCH
Johann Heinrich Lamberts „Cosmologische Briefe“ mit Beiträgen zur Frühgeschichte der Kosmologie

HASSO MEINERT
Fluorchemie

Das Neutron
Eine Artikelsammlung

VOLKER NOLLAU
Semi-Markovsche Prozesse

ROBERT ROMPE
HANS-JÜRGEN TREDER
Über Physik — Studien zu ihrer Stellung in Wissenschaft und Gesellschaft

RAINER SINZ
Chronopsychophysiologie, Chronobiologie und Chronomedizin

HUBERTUS STOLZ
Supraleitung

WTB

BAND 208

Gottfried Fritzsche

Grundlagen und Entwurf passiver Analogzweipole

Netzwerke I

Mit 37 Abbildungen und 32 Tafeln

AKADEMIE-VERLAG · BERLIN

Reihe MATHEMATIK UND PHYSIK

Herausgeber:
Prof. Dr. phil. habil. W. Holzmüller, Leipzig
Prof. Dr. phil. habil. A. Lösche, Leipzig
Prof. Dr. phil. habil. H. Reichardt, Berlin
Prof. Dr. rer. nat. habil. H.-J. Treder, Potsdam

Verfasser:
Prof. Dr. Gottfried Fritzsche
Hochschule für Verkehrswesen „Friedrich List“
Dresden

1979
Erschienen im Akademie-Verlag,
DDR-108 Berlin, Leipziger Str. 3—4
Lektor: Dipl.-Phys. Gisela Lagowitz

Lizenznummer: 202 · 100/565/79
Gesamtherstellung: VEB Druckhaus „Maxim Gorki“, 74 Altenburg
Bestellnummer: 7623715 (7208) · LSV 3534
Printed in GDR
DDR 8,— M

Vorwort

Der Netzwerkentwurf hat sich zu einem wichtigen Querschnittsgebiet innerhalb der Elektrotechnik entwickelt, das insbesondere in der Informationstechnik, der Regelungstechnik und der elektronischen Meßtechnik Bedeutung hat. Diese Disziplin ist aus der grundlegenden Ingenieuraufgabe entstanden, Einrichtungen mit vorgeschriebenen Eigenschaften zu verwirklichen. Im Gegensatz zur typischen Fragestellung des Naturwissenschaftlers, ein vorliegendes Objekt zu beschreiben oder gesetzmäßig zu analysieren, ist das Syntheseproblem grundsätzlich schwieriger. Deshalb ist es verständlich, wenn ein solches Vorgehen zunächst nur für bestimmte Bauelementeklassen (z. B. elektrische lineare zeitinvariante Schaltungen mit endlich vielen Elementen) praktikabel gelingt.

Historisch gesehen hat sich das Gebiet des schlüssigen Netzwerkentwurfs seit etwa fünfzig Jahren stetig entwickelt. Zunächst wurde von den Nachbardisziplinen Mathematik und Physik nur wenig Unterstützung gewährt, da die Netzwerktheorie von der Mathematik als zu praktisch und von der Elektrotechnik als zu theoretisch eingeschätzt wurde. Als Pionier ist — fußend auf ausgereiften Analyseerkenntnissen — W. Cauer anzusehen. Die Einführung der modernen Methoden war mühevoll, weil beim Elektrotechniker in der ANFANGSZEIT nicht die notwendigen mathematischen Kenntnisse vorhanden waren. Die vielfach umfangreichen Zwischenrechnungen erforderten außerdem beträchtlichen numerischen Aufwand, der wiederum viele potentielle Anwender von einer Nutzung abhielt. Durch den

Einsatz der Digitalrechner ist dieses Hindernis jetzt überwunden. Inzwischen sind universell einsetzbare Standardresultate katalogisiert, und dadurch werden mehr und mehr die „bestmöglichen Ergebnisse für Netzwerkrealisierungen“ in der Praxis berücksichtigt.

Die vorliegende Darstellung will sowohl überblicksmäßig in dieses Fachgebiet einführen als auch leitfadenmäßig wichtige Resultate ordnen.

Durch eine Aufgliederung in die Bände

— Grundlagen und Entwurf passiver Analogzweipole
— Entwurf passiver Analogvierpole
— Entwurf aktiver Analogsysteme
— Diskrete und digitale Systeme

kommt bereits die Aktualität zum Ausdruck. Da jahrelange Lehr- und Forschungserfahrungen vorliegen, hofft der Verfasser, trotz des begrenzten Umfangs, anwendungsbreites Wissen zu vermitteln und Hinweise zum Können zu geben. Mit Strichzeichnungen, Tafeln — vorzugsweise in der Form von Arbeitsblättern — und Wertungen wird nicht gespart, damit der Lernende und der in der Praxis tätige Wissenschaftler effektiv gültige Prinzipien erkennt und einzusetzen vermag. Stets wird versucht, das Ziel klar aufzuzeigen, geeignete Methoden bereitzustellen und durch eingefügte Anwendungsbeispiele die Wirksamkeit der Verfahren zu erläutern. Obwohl keine Vollständigkeit in dieser Taschenbuchausgabe möglich ist, Ableitungen nur vereinfacht dargeboten, Beweise unterdrückt und Beispiele nur sporadisch und gestrafft wiedergegeben werden können, hofft der Verfasser, nützliche Aussagen zu präsentieren.

Das Buch wendet sich an Studenten der elektrotechnischen und der mathematisch-physikalischen Fachrichtungen. Es dürfte neben den Vorlesungen und als Repetitorium nützlich sein. Auch Absolventen, die schon längere Zeit in der Praxis tätig sind, können sich damit rasch einen Überblick verschaffen und Kenntnisse auffrischen. Gewinn wird es ferner dem Leser bringen, der

Fundamentalmethoden in gespeicherter Form für die Lösung praktischer Aufgaben und Anwendungen sucht.

Für zahlreiche Hinweise und förderliche Diskussionen danke ich besonders den Herren Prof. Dr. sc. techn. D. Kress und Dr. Ing. V. Seidel.

Dadurch ist es gelungen, weitere Hochschul- und Industrieerfahrungen einfließen zu lassen. Nicht minder gilt der Dank meinen Mitarbeitern, hier insbesondere Herrn Dr.-Ing. K.-E. Krüger zu Fragen der aktiven Analogrealisierungen und Herrn Dr.-Ing. G. Buchholz zu Fragen der diskreten Netzwerke. Zu danken habe ich auch Frau B. Lode für die gewissenhafte Reinschrift des Manuskripts und Frau Dipl.-Phys. G. Lagowitz vom Akademie-Verlag für die fruchtbare Zusammenarbeit.

Gottfried Fritzsche

Dresden, April 1977

Inhalt

Band 1: Grundlagen und Entwurf passiver Analogzweigpole

0. Einleitung und Einordnung

0.1. Netzwerkentwurf als Querschnittsaufgabe der Informationstechnik

Trotz der Vielfalt von Anwendungen in der modernen Technik zeichnet sich eine grundsätzliche Einteilung in die Gebiete

Energietechnik, Informationstechnik und Stofftechnik

ab. Technik selbst ist dabei die sinnvolle und zweckbestimmte Nutzung von Naturgesetzen zur Durchführung von Arbeitsgängen bzw. zur Herstellung von Gegenständen und Einrichtungen. Der Schlüssel aller technischen Erfolge ist das systematische Befragen der Natur unter vereinfachten Bedingungen. Naturwissenschaft und Technik schreiten so, sich ständig korrigierend, zu immer verfeinerten Resultaten vorwärts.

Während das Zusammenspiel Materie ↔ Energie den eigentlichen Siegeszug der Technik einleitete, ist zusätzlich die moderne Gesellschaft durch die Wechselform Handlung ↔ Information geprägt. Damit erklärt sich die stürmische Entwicklung der Informationstechnik, die sich in Probleme der

– Informationsübertragung (mit dem Arbeitsgegenstand:

Fehlerarme Informationsübertragung durch Signal- und Systemoptimierung einschließlich Vermittlungstechnik) und der

– Informationsverarbeitung (mit dem Arbeitsgegenstand:

Beurteilung, Planung und Entwurf von Einrichtungen der Informationsgewinnung, der Informationsspeicherung und der datenverarbeitenden Anlagen)

aufteilen läßt.

Beispiele für elektrisch/elektronisch durchdrungene Gebiete sind die

— Leistungselektrik
— die Automatisierungstechnik
— die Nachrichtentechnik und
— die elektronische Meßtechnik.

Soweit der Übertragungsaspekt dominiert, hat die *vorgeschriebene Signalwandlung in Subsystemen* eine besondere Bedeutung.

In Abb. 1 sind die Grundformen dafür schematisch dargestellt. Die daraus ableitbare Aufgabe

> Gegeben: Sendesignal und (vorgeschriebenes) Empfangssignal
>
> Gesucht: Elektrisches Subsystem oder Netzwerk, gekennzeichnet durch Struktur und Bemessung

ist das Problem der Netzwerksynthese.

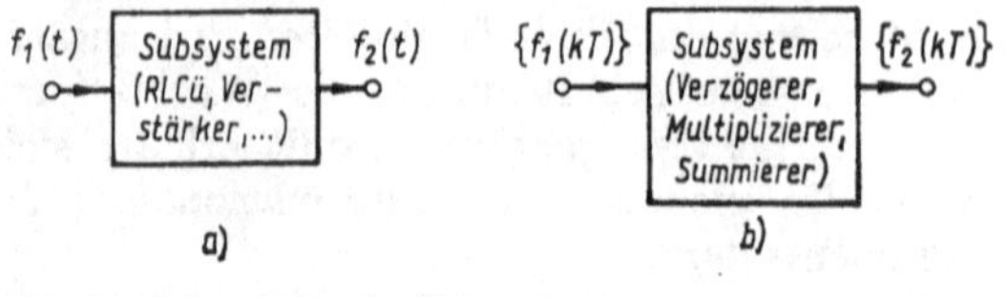

Abb. 0.1. Subsysteme oder Netzwerke
a) analoger Art b) diskreter Art

Obwohl diese deduktive Vorgehensweise große praktische Bedeutung hat, weil damit „Teilsysteme in bestmöglicher Weise" entworfen werden können, müssen wir global feststellen, daß es grundsätzlich eine schwierige, meist mathematisch anspruchsvolle Aufgabe ist, die wir im hier vorgegebenen Rahmen nur für *einfache Signal-*

und Systemklassen darlegen können. (Im einzelnen heißt das: Nur ausgewählte Systemcharakteristiken sind vorgeschrieben und nur Systeme mit bestimmten — meist idealisierten — Bauelementen werden zugelassen.)

Hinsichtlich der zulässigen Signale spielen determinierte reelle harmonische bzw. nichtperiodische Zeitfunktionen eine Vorzugsrolle.

Bezüglich der zulässigen Subsysteme beschränken wir uns auf lineare und zeitinvariante *Netzwerke*, d. h. Übertragungseinrichtungen, die durch eine *Differentialgleichung* (im analogen Fall) bzw. *Differenzengleichung* (im diskreten Fall) *endlicher Ordnung* mit konstanten Koeffizienten beschreibbar sind.

Herausragenden praktischen Wert haben Selektionsnetzwerke oder *Filter*, d. h. Schaltungen mit ausgeprägten frequenzabhängigen Durchlaß- und Sperrbereichen. Diese sind insbesondere in der Lage, einfach und effektiv wesentliche Nutzsignalbeiträge zu „selektieren". Damit realisieren sie oft wichtige Bausteine bei der Verwirklichung störarmer Übertragung.

0.2. Systemtheoretische Querverbindungen

Es hat sich in Theorie und Praxis bewährt [F 1], u. a. den Aspekt, daß eine Ursache nach dem Einwirken auf ein System eine gewollte Wirkung vollbringt, als grundlegend anzusehen. In der Elektro- und Informationstechnik stehen dafür die in Tafel 0.1 notierten Methoden bereit.

Die Netzwerktheorie basiert — das geht aus den aufgeführten Merkmalen hervor — auf der Netzwerkanalyse und der Black-box-Methode im engeren Sinne. Den Hintergrund bilden *empirische Systemmodelle*, d. h. Vorstellungen, die wesentlich aus experimentellen Daten über das Verhalten bezüglich Ursache und Wirkung von technischen Subsystemen stammen. Neben Zeitcharakteristiken spielen Frequenzcharakteristiken an äußeren

Tafel 0.1. Methoden der Systembeschreibung

Systembeschreibung durch die		
klassische Schaltungs- oder Netzwerkanalyse	Black-box-Methode im engeren Sinn	Black-box-Methode im weiteren Sinn
d. h. durch alle Klemmen- (bzw. Tor-) Eigenschaften mit Kenntnis der inneren Systemstruktur (im Vorwärts- und Rückwärtsbetrieb).	d. h. durch alle Klemmen- (bzw. Tor-) Eigenschaften ohne Kenntnis der inneren Systemstruktur (im Vorwärts- und Rückwärtsbetrieb).	d. h. durch die Systemreaktion auf spezielle Testeingangsgrößen ohne Kenntnis der inneren Systemstruktur, was einer Untersuchung ausgewählter Klemmeigenschaften o.K. d.i.S. im Vorwärtsbetrieb gleichkommt.
mit den Merkmalen		
1. Spezielle Methode	1. Untersuchungsmethode der Vierpol- (bzw. Zweitor-) Theorie oder der Mehrpol- (bzw. Mehrtor-) Theorie.	1. Eigentliche (= spezielle) Systemtheorie.
2. Vollständige Systembeschreibung, d. h., alle Eingangs- und Übertragungseigenschaften werden erfaßt.	2. Wenn ganz bestimmte Bauelementeklassen zugelassen sind, gelingt eine strenge Systemsynthese (= Netzwerksynthese).	2. Zeitcharakteristiken sind dabei besonders für einen Überblick u. Frequenzcharakteristiken für eine verfeinerte Untersuchung brauchbar.
3. Praktisch ist diese Methode nur bei Beschränkung auf bestimmte Bauelementeklassen u. einen bestimmten „Systemumfang" – etwa 30 Knoten od. Maschen –, d. h. für Teilsysteme, brauchbar.	3. Besonders geeignet für Teilsysteme.	3. Durch approximative Annahmen v. Systemcharakteristiken (= schematisierte Systeme), die an die Wirklichkeit angelehnt sind, können Erfahrungen gesammelt u. Zusammenhänge gefunden werden, d. h. für komplizierte Gesamtsysteme.

Klemmen eine Rolle. Eine andere — in manchen Aspekten allgemeinere — Betrachtungsweise bieten *axiomatische Systemmodelle*, d. h. Vorstellungen, die aus vorhandenen oder unterstellten Bewegungsgleichungen der Subsysteme hergeleitet werden (Methode der Zustandsgleichungen [U 1].) Damit können speziell weitere Probleme der inneren Strukturen (z. B. Beobachtbarkeit, Steuerbarkeit, Gedächtnis) effektiv beschrieben werden.

Ergänzend sei bemerkt, daß die Netzwerkanalyse und -synthese bis in alle Einzelheiten Vorgänge und Strukturen beschreibt. Im Gegensatz dazu ist die Black-box-Methode im weiteren Sinne oder die eigentliche *Systemtheorie* [K 1], [F 1] spezifisch geeignet, Beurteilungs-, Planungs- und Optimierungsregeln für komplizierte Systeme herzuleiten und übergeordnete Kennwerte zu gewinnen. Typisch dabei ist, daß zum Erkennen wesentlicher Zusammenhänge — bei Wahrung des prinzipiellen Abbildes tatsächlicher Verhältnisse — auf Realisierungsvorschriften verzichtet wird. Das Vertrautsein mit den Prinzipien der Netzwerkanalyse und -synthese sowie der systemtheoretischen Ansätze einschließlich informationstheoretischer Aussagen (z. B. von Codierungsmöglichkeiten) ist und bleibt das Fundament für Weiterentwicklungen in der Informationstechnik.

0.3. Prinzipielle Entwurfsmethoden und Problemüberblick

Es ist leicht einzusehen, daß die Fragestellung des „Netzwerkentwurfs" sowohl theoretisch als auch praktisch-ökonomisch vorteilhaft ist. Zunächst hat (für Analognetzwerke) die *Wellengrößentheorie* [F 1], [F 2], [F 3] große Bedeutung erlangt. Dabei sind aus Erfahrungen — die aus analytisch untersuchten Teilschaltungen stammten — Entwurfsrichtlinien gewonnen worden. Diese Methode ist kein strenges Syntheseverfahren, aber trotzdem leistungsfähig.

Besonders für hochgradige Bandpaß-*LC*-Filter (die auch mit Quarzelementen durchsetzt sein können) hat dieser Weg in Form der $\overline{m}$-Ketten [F 10] noch Bedeutung. Es ist auch kein Zufall, daß W. Cauer zunächst die Wellenparametertheorie [C 1] theoretisch umfassend beschrieben hat. Ferner muß bemerkt werden, daß diese Methode für zweiseitig belastete *LC*-Vierpole so modifiziert werden kann, daß passive Netzwerke mit vorgeschriebenen Filtereigenschaften entstehen, die toleranzunempfindlich, verlustgünstig, spulenarm und u. U. mit gleichgroßen Schaltelementen (also fertigungsmäßig gesehen: Wiederholteilen) ausgestattet sind.

Aufbauend auf der in Abschnitt 0.1 genannten Grundaufgabe können wir das Synthese- (oder Entwurfs-) problem schematisch wie folgt beschreiben:

Gegeben:				Gesucht:
Netzwerkcharakteristiken oder -eigenschaften	→	Netzwerkfunktionen	→	Netzwerk

Streng und schlüssig ist diese Aufgabe nur unter ganz bestimmten Einschränkungen lösbar. Insbesondere werden realistische Analognetzwerke mit konzentrierten Elementen bzw. Diskretnetzwerke mit Verzögerungs-Addier- und Multiplizier-Elementen unterstellt. Gegenwärtig ist es speziell möglich, Subsysteme (z. B. Entzerrer, Filter, Verstärker, Impulsformer) so zu entwerfen, daß Forderungen hinsichtlich der Signalwandlung im Zeit- oder Frequenzbereich vorgeschrieben genau erfüllt werden.

Wesentlich ist zusätzlich die vorgebbare *Betriebsanordnung*, d. h. Aufbau als

- — Zweipolnetzwerk
- — Vierpolnetzwerk einseitig oder zweiseitig belastet und
- — Mehrpolnetzwerk.

Allen Betrachtungen liegt die *Betriebsgrößentheorie* zugrunde, die eine Lösung des Syntheseproblems in den

Schritten

- Aufstellung zulässiger Funktionen
- Approximation vorgeschriebener Systemeigenschaften (vorzugsweise sind es reelle Teileigenschaften) durch zulässige Netzwerkfunktionen
- Realisierung durch Auffindung zugehöriger Netzwerke (Struktur, Bemessung, äquivalente Schaltungen)

vornimmt.

Grundsätzlich wird unterstellt, daß sowohl beim Approximations- als auch beim Realisierungsschritt nur Zusammenhänge interessieren, die mit geringstem Grad bzw. Aufwand die Vorschriften befriedigen. Obwohl der Entwurf das Hauptziel ist, sind Kenntnisse über Analysemethoden unerläßlich.

Die Gesamtproblematik ist in Tafel 0.2. wiedergegeben. Zugleich ist darin aufgeführt, wie der Stoff auf die vier Bände verteilt ist. Ausdrücklich sei betont, daß ein Vertrautsein mit den Grundlagen und dem Entwurf passiver Analognetzwerke sehr wesentlich für das Verständnis moderner Resultate (Einsatz der Rechentechnik, Ausführung als aktive analoge bzw. als diskrete Systeme) ist.

Mitunter ist direkt ein Rückgriff auf die klassischen LC-Formen als „Bezugsnetzwerk“ [F 17] möglich und damit ein besonders rationeller Weg gegeben.

Infolge der Kompliziertheit im einzelnen, können in bestimmten Anwendungsfällen keine geschlossenen Lösungen erbracht werden. Deshalb gewinnen auch spezielle numerisch-iterative Lösungen u. a. als „gezieltes Probieren mit dem Rechner“ an Bedeutung. Sie werden als iterative Synthese oder *rechnergestützter Entwurf* bezeichnet und können vereinfacht durch ein Ablaufschema, wie in Tafel 0.3 skizziert, charakterisiert werden. Trotz bestimmter Erfolge hat dieser Lösungsweg noch keine universelle Reife erreicht [F 4], [J 10].

Ergänzungsliteratur: [C 1], [D 1], [F 1], [F 2], [F 3], [F 4], [K 5], [U 1].

Tafel 0.2. Problematik der Netzwerktheorie im Überblick

Netzwerke (oder Subsysteme)

1 2 3 *Analoge Netzwerke*

- 1 Begriffe und Überblick
- 1 3 Grundlagen
  - 1 3 Systemeigenschaften
  - 1 3 Systembeschreibung
- 1 3 Netzwerkanalyse
  - 1 Elementare Methoden
  - 1 black-box-Methoden i.e.S.
  - 3 Allgemeinere Methoden (einschl. Toleranzanalyse)
- 1 2 3 Netzwerksynthese (Entwurf)
  - 1 Zweipolsynthese
    - 1 Zulässige Funktionen
    - 1 Approximationen
    - 1 Passive Realisierungen
  - 2 3 Vierpolsynthese
    - 2 Zulässige Funktionen
    - 2 Approximationen
    - 2 Realisierungen
      - 2 Passive Realisierungen
        - 2 Reaktanz-Vierpole
        - 2 RC-Vierpole
        - 2 RCL-Vierpole
        - 2 Hochfrequenzbandfilter
      - 3 Aktive Realisierungen
        - 3 basierend auf Kaskadenbausteinen
        - 3 basierend auf pass. Bezugsnetzwerken
        - 3 basierend auf Flußbildnachbildungen

1 *Diskrete Netzwerke*[1])

- 4 Begriffe und Überblick
- 4 Grundlagen
  - 4 Systemeigenschaften
  - 4 Systembeschreibung
  - 4 Systemstrukturen
- 4 Netzwerksynthese
  - 4 mit Virschriften im Zeitbereich
  - 4 nichtrekursiver Art mit linearer Phase
  - 4 rekursiver Art mit Vorschriften im Frequenzbereich
- 4 Besonderheiten realer Netzwerke

1 ≙ Inhalt von Band 1
2 ≙ Inhalt von Band 2
3 ≙ Inhalt von Band 3
4 ≙ Inhalt von Band 4

---

[1]) für vorgeschriebene Signalwandlung. Digitale Schaltsysteme oder der logische Entwurf solcher Anordnungen werden davon nicht berührt.

Tafel 0.3. Ablaufschema beim rechnergestützten Netzwerkentwurf

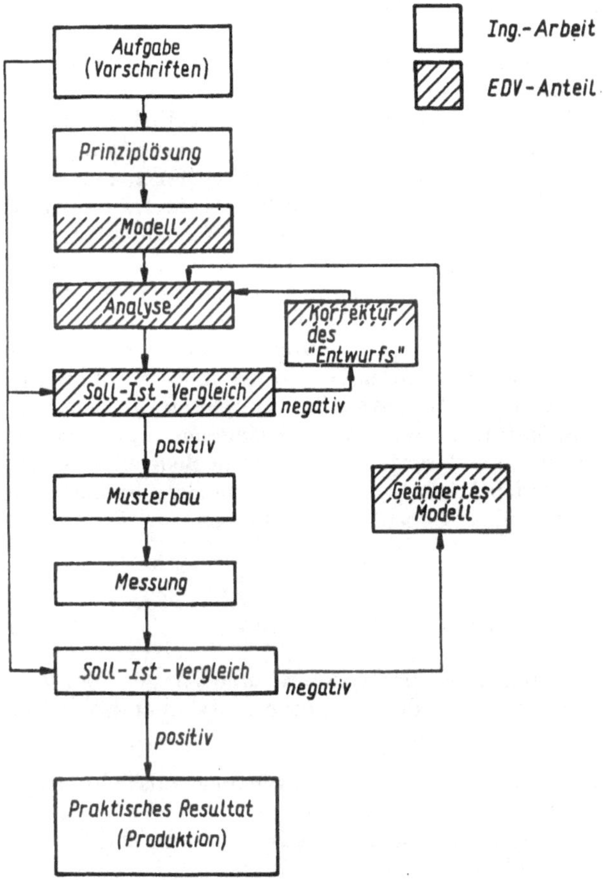

1. Grundlagen

1.1. Analoge Signale

Allgemein gilt die Aussage, daß Informationen oder Nachrichten bei der elektrischen Darstellung durch Zeitfunktionen beschrieben werden, die zusätzlich bestimmte statistische Eigenschaften aufweisen. (Information $\triangleq$ Verminderung von Ungewißheit). Die Zeitfunktionen selbst sind entweder durch die natürliche Informationsquelle gegeben (Beispiele: Sprach- oder Klangübertragung), oder sie werden durch einen Schlüssel (Codierung) aus der ursprünglichen Nachrichtenfunktion hergeleitet (Beispiele: Telegrafie- und Datenübertragung).

Trotzdem hat die Erfahrung gezeigt, daß praktisch in vielen Anwendungsfällen bereits mit determinierten Testsignalen (z. B. bestimmten Impulsen, Sprungfunktionen, harmonischen Dauerschwingungen, modulierten Funktionen) außerordentlich konkrete Beurteilungs- und Entwurfsrichtlinien bei vereinfachtem Berechnungs- und Meßaufwand aufgestellt werden können.

1.1.1. Beschreibung im Zeitbereich

Als Grundlage für Netzwerkaufgaben genügen ausgewählte Gesetze der Signaltheorie.[1]) Charakteristisch sind in determinierter Form

- die harmonische Einzelschwingung (als Grundlage der komplexen Rechnung)
- die (allgemeine) periodische Zeitfunktion und
- die nichtperiodische Zeitfunktion.

---

[1]) Das gilt auch, obwohl sich der Determinismus der klassischen Physik als Trugbild herausgestellt hat. In der Informationstechnik kommt es darauf an, mit welchen *einfachen* Mitteln brauchbare Resultate erzielt werden.

Abb. 1.1a···c zeigen Beispiele für zugehörige Zeitverläufe. In Tafel 1.1 sind in genannter Reihenfolge die mathematischen Beschreibungsformen aufgeschrieben.

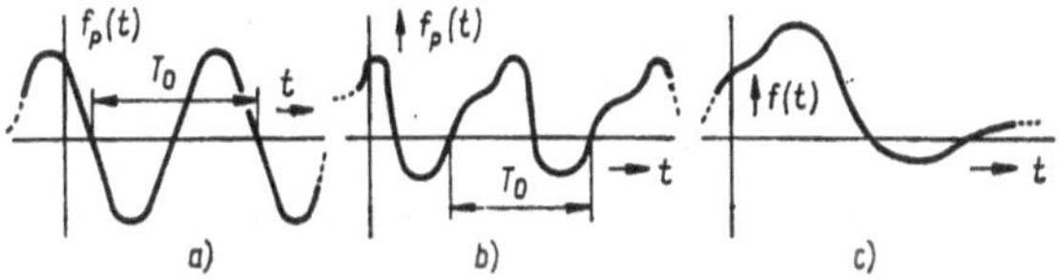

Abb. 1.1. Determinierte Analogsignale
a) periodisch-einwelliger Art
b) periodisch-mehrwelliger Art
c) aperiodischer Art

Besondere Bedeutung haben im Netzwerkfall *kausale Zeitfunktionen* mit dem Bildungsgesetz

$$h(t) = f(t) \cdot s(t) \quad \text{oder} \quad h(t) \equiv 0 \quad \text{für} \quad t < 0. \tag{1.1}$$

Vorteilhaft und aussagekräftig ist mitunter die Zerlegung

$$h(t) = h_g(t) + h_u(t), \tag{1.1a}$$

wobei allgemein gilt:

— gerader Teil $h_g(t) = \frac{1}{2}\,[h(t) + h(-t)] = \mathrm{Ge}\,h(t)$

und

— ungerader Teil $h_u(t) = \frac{1}{2}\,[h(t) - h(-t)] = \mathrm{Un}\,h(t)$. (1.1b)

Das hat zur Folge, daß $F_g(\omega) = \mathscr{F}\{h_g(t)\}$ *oder*

$$jF_u(\omega) = \mathscr{F}\{h_u(t)\}$$

zur Beschreibung von

$$h(t) = \frac{2}{\pi}\int_0^\infty F_g(\omega)\cos\omega t\,d\omega = -\frac{2}{\pi}\int_0^\infty F_u(\omega)\sin\omega t\,d\omega \tag{1.2}$$

genügt.

Tafel 1.1. Signalbeschreibung im Zeitbereich

Art des Signals	Zeit- oder Originalbereich ($-\infty \leq t \leq \infty$)
Periodische Einzelschwingung	Ein-Zeiger-Modell (≙ physikalischer Ansatz) $f_p(t) = A \cos(\omega_0 t + \varphi) = \mathrm{Re}\, A\, e^{j\varphi}\, e^{j\omega_0 t}$
	Zeigerpaar-Modell (≙ mathematischer Ansatz) $f_p(t) = \frac{1}{2} A\, e^{j\varphi}\, e^{j\omega_0 t} + \frac{1}{2} A\, e^{-j\varphi}\, e^{-j\omega_0 t}$
$T_0 \omega_0 = 2\pi$	m-Zeigerpaar-Modell (≙ komplexe $\mathcal{F}$-Reihe)
Allgem. periodische Schwingung	$f_p(t) = \sum_{n=-\infty}^{\infty} c_n\, e^{jn\omega_0 t} = \sum_{n=-\infty}^{\infty} f_0(t + nT_0)$ mit $n\omega_0$ = n-te Harmonische $c_n = \frac{1}{T_0} F_0(n\omega_0)$
Allgemeine aperiodische Funktion[1]	Grenzfall-Modell ($T_0 \to \infty$, $\omega_0 \to \mathrm{d}\omega$, $n\omega_0 \to \omega$ $c_n T_0 \to F(\omega)$) ≙ $\mathcal{F}$-Integral $f(t) = \frac{1}{2\pi} \int_{-\infty}^{\infty} F(\omega)\, e^{j\omega t}\, \mathrm{d}\omega = \mathcal{F}^{-1}\{F(\omega)\}$

[1]) Die Einschränkung $\int_{-\infty}^{\infty} |f(t)|\, \mathrm{d}t = M < \infty$ kann durch Einführung von δ-Funktionen praktikabel überwunden werden.

Während die Bestimmungselemente bzw. -funktionen im Frequenzbereich bisher — da als Aufbauelemente harmonische Dauerschwingungen eingesetzt wurden — meßbar sind, ist das *angepaßte Rechenhilfsmittel* die einseitige Laplace-*Transformation* mit dem Transformationsgesetz

$$h(t) = \frac{1}{2\pi j} \int_{\sigma - j\omega}^{\sigma + j\omega} H(p)\, e^{pt}\, \mathrm{d}p. \tag{1.3}$$

Dabei ist $H(p)$ eine (theoretische, also nicht meßbare) *Bildfunktion* und

$$p = \sigma + j\omega \tag{1.4}$$

die komplexe (Kreis-)Frequenz.

Der Wert dieser Transformation liegt hauptsächlich darin, daß

— praktisch keine Konvergenzschwierigkeiten bestehen,
— die dynamische Beschreibung von analogen Realsystemen einschließlich Stabilitätsaussagen übersichtlich und einfach gelingt und
— allgemein lineare Differentialgleichungen mit konstanten Koeffizienten auf algebraische Gleichungen zurückgeführt werden können.

Weitere Einzelheiten betr. Existenzbedingungen, Rechenregeln und Korrespondenzen s. z. B. [F 1].

1.1.2. Beschreibung im Frequenz- bzw. Bildbereich

Wie in Tafel 1.2 dargestellt, können zunächst auf der Basis von Dauerschwingungen den im vorigen Abschnitt vorgestellten periodischen Zeitfunktionen völlig *äquivalent* ein komplexer Bildwert, ein komplexes Bildwertpaar oder n-komplexe Bildwertpaare zugeordnet werden. Diese Bestimmungsstücke (einschließlich der „diskreten" Frequenzangabe) charakterisieren — grafisch dargestellt — die zugehörigen *Linienspektren*. (Übersichtlich und üblich sind die getrennte Darstellung von Betrags- und Phasenabhängigkeit.)

Der nichtperiodische Fall entsteht durch einen Grenzübergang ($T_0 \to \infty$, $F(\omega) = \lim\limits_{T_0 \to \infty} [c_n(n\omega_0)\, T_0]$, $n\omega_0 \to \omega$, $\omega_0 \to \mathrm{d}\omega$) und führt entsprechend (Tafel 1.1, letzte Zeile) auf die *komplexe Amplitudendichte*, wobei, wie zuvor, eine grafische Betrags- und Phasendarstellung (als kontinuierliches Spektrum) üblich ist. Weil als Aufbauelemente Dauerschwingungen zugrunde liegen, sprechen wir ge-

Tafel 1.2. Signalbeschreibung im Frequenzbereich

Bezeichnung und Formelausdruck	Frequenzbereich: Betrags-Phasen-Darstellung	
1 komplexer Bildwert $Ae^{j\varphi}$ bei $\omega = \omega_0$	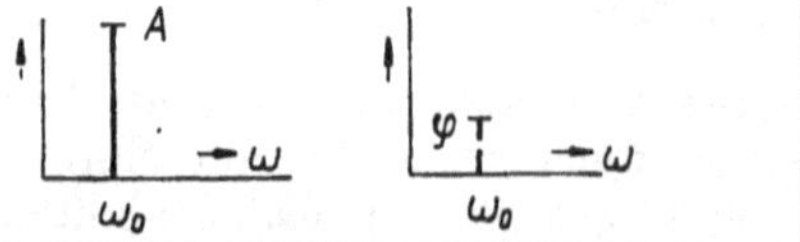	$0 \leqq \omega \leqq \infty$
1 komplexes Bildwertpaar $\frac{1}{2} Ae^{j\varphi}$ bei $\omega = \omega_0$ und $\frac{1}{2} Ae^{-j\varphi}$ bei $\omega = -\omega_0$	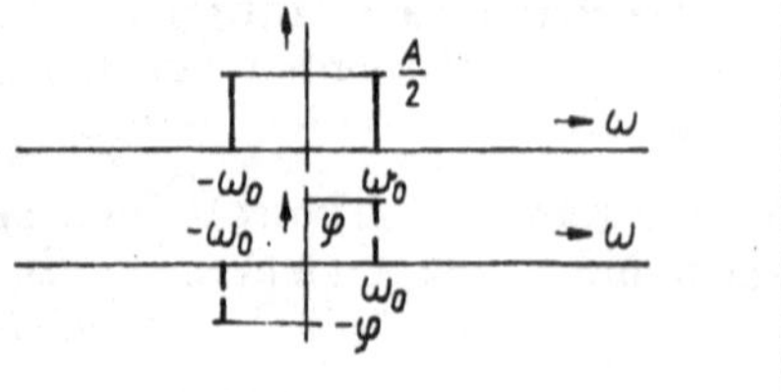	
n-Bildwertpaare ≙ Bildfolge c_n bei $\omega = n\omega_0$ mit $-\infty \leqq n \leqq \infty$ und $c_n = \frac{1}{T_0} \int_{T_0} f_p(t)\, e^{-jn\omega_0 t}\, dt$	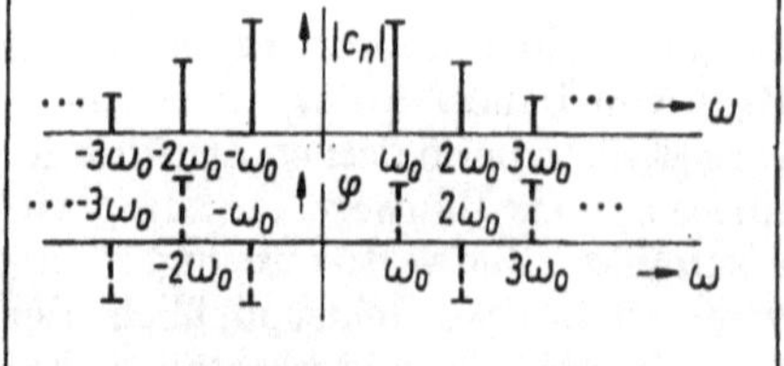	$-\infty \leqq \omega \leqq \infty$
Unendlich dichte Bildfolge ≙ (kontin.) Bildfunktion $F(\omega) = \int_{-\infty}^{\infty} f(t)\, e^{-j\omega t}\, dt$	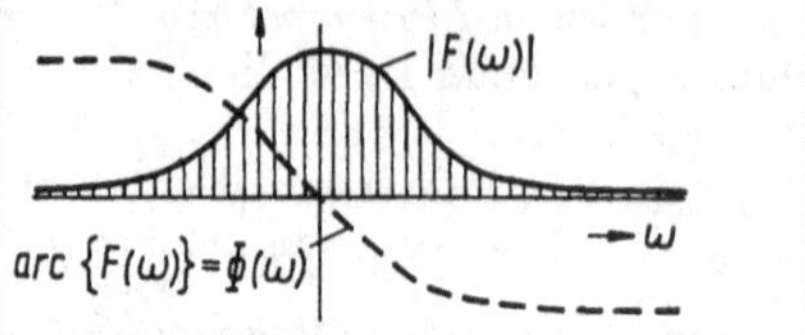	

legentlich auch vom „stationären komplexen Frequenzgang". (Der Leser wolle nachdrücklich beachten, daß im periodischen Fall die physikalische Einheit bei der „Transformation" erhalten bleibt, während im nichtperiodischen Fall $f(t)$ in eine Dichtefunktion, d. h. bezogen auf die (Kreis-)Frequenzeinheit, verwandelt wird.)

Zu kausalen Zeitfunktionen gehört als Umkehrung von (3)

$$H(p) = \int_0^\infty f(t)\, e^{-pt}\, dt. \tag{1.5}$$

Die rechnerische Handhabung ist durch die hier praktisch stets vorhandene Konvergenz vergleichsweise einfach, dafür müssen wir aber auf eine unmittelbare physikalische (gedacht ist vornehmlich an eine meßbare) Bedeutung der Bildfunktion verzichten. Als *mathematische Darstellungshilfe* hat sie dagegen großen Wert (s. Abschnitt 2.3.).

Es ist bemerkenswert:

Bei Signalfunktionen ist es i. a. nicht möglich, aus $H(p)$ direkt auf $H(\omega)$ zu schließen.

Beispiel:

$$\mathcal{F}\{s(t)\} = \pi\delta(\omega) + \frac{1}{j\omega} \quad \text{aber} \quad \mathcal{L}\{s(t)\} = \frac{1}{p}$$

Bei Zeitfunktionen, die insbesondere reale und stabile Netzwerke ohne Anfangsenergie beschreiben, kann dagegen aus der komplexen Übertragungsbildfunktion $T(p)$ sehr einfach — durch den Übergang $p \to j\omega$ — auf den stationären komplexen Frequenzgang (und umgekehrt) geschlossen werden.

1.2. Analoge Systeme

Als Grundform für den Netzwerkentwurf dient das offene Einfachsystem (Abb. 0.1a). Als wesentlich wird die (zeitliche oder spektrale) Verformung angesehen, die ein

Eingangssignal beim Durchlaufen des Netzwerkes erfährt.

1.2.1. Modellbildung und Systemeigenschaften

Da wir voraussetzen, daß zu jeder reellen Ursache $f_1(t)$ eine reelle Wirkung $f_2(t)$ gehört, können wir formal und allgemein die Operatorbeziehung

$$f_2(t) = T\{f_1(t)\} \tag{1.6}$$

ansetzen.

Die $f_\nu(t)$ sind im Fall der elektrischen Netzwerke Spannungen oder Ströme bei bestimmten Anschlußbedingungen.

Systemeigenschaften

Da die zu entwerfenden Subsysteme „Sonderfälle" darstellen, sind die zum Aufbau einer praktikablen Theorie notwendigen Einschränkungen von Anfang an erfüllt. Das gilt insbesondere (zunächst in der analogen Schreibweise) für die

Stabilität

$$|f_1(t)| \leqq M \qquad \text{bedingt} \qquad |f_2(t)| \leqq N \tag{1.7a}$$

mit M und N beliebige reelle endliche Konstanten,

die Linearität

$$\sum_{\nu=1}^{n} T\{k_\nu f_{1\nu}(t)\} = \sum_{\nu=1}^{n} k_\nu T\{f_{1\nu}(t)\} = \sum_{\nu=1}^{n} k_\nu f_{2_\nu}(t) \tag{1.7b}$$

mit k_ν = reelle Konstante,

die Zeitinvarianz

$$T\{f_1(t - t_0)\} = f_2(t - t_0) \tag{1.7c}$$

mit t_0 = beliebige reelle Konstante

und die Kausalität

$$f_1(t) \equiv 0 \quad \text{für} \quad t < t_0 \quad \text{bedingt} \quad f_2(t) \equiv 0 \quad \text{für} \quad t < t_0. \tag{1.7d}$$

Da die Netzwerkbetrachtung im Mittelpunkt steht, ist es angebracht, Einzelheiten über Systemelemente zu kennen. Es ist plausibel, daß eine Anordnung gemäß Abb. 1.2 — praktisch handelt es sich um eine ausführlichere Darstellung von Abb. 0.1 — im Einzelfall innerhalb der Blockteile „Sender", „System" und „Empfänger" als eine i. a. beliebige Zusammenschaltung von Systemelementen gedeutet werden kann.

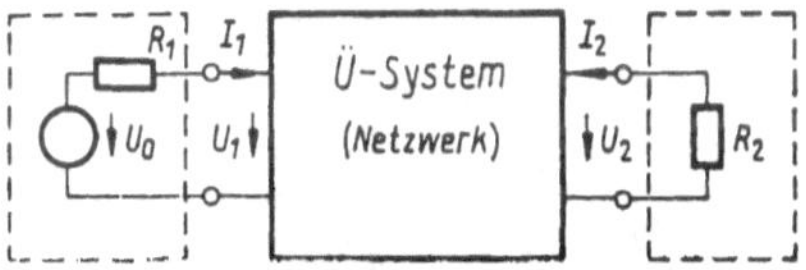

Abb. 1.2. Grundmodell eines beschalteten Übertragungssystems

Die zweipoligen elektrischen Systemelemente mit linearen und zeitinvarianten Eigenschaften sind in Tafel 1.3 zusammengestellt, und ihre Begriffsbildung wird als Grundlagenerfahrung vorausgesetzt. Die dabei nur kurz erwähnten abhängigen oder gesteuerten Quellen (Einzelheiten dazu s. Band 3) sind vierpolige aktive Elemente.

Weitere passive vierpolige Elemente sind der

— ideale Übertrager (als Widerstandsübersetzer) und der
— ideale Gyrator (als Dualübersetzer, s. Abschn. 2.9.)

Der *ideale Übertrager* ist für die Theorie sehr nützlich. Er hat als nichtrealisierbares Modell unendlich große Induktivitäten, keine Streuung und ein reelles „Windungszahlverhältnis" oder Übersetzungsverhältnis *ü*. (Tafel 1.4, oben, zeigt sein Symbol). Eine Sparübertragerausführung ist, wie ebenfalls angedeutet, denkbar.

Tafel 1.3. Zweipolelemente technischer Analognetzwerke

<table>
<tr><td>Quellen
-unab-
hängige</td><td colspan="4">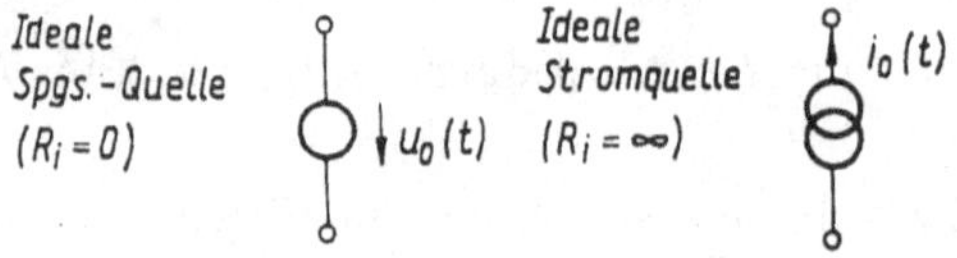

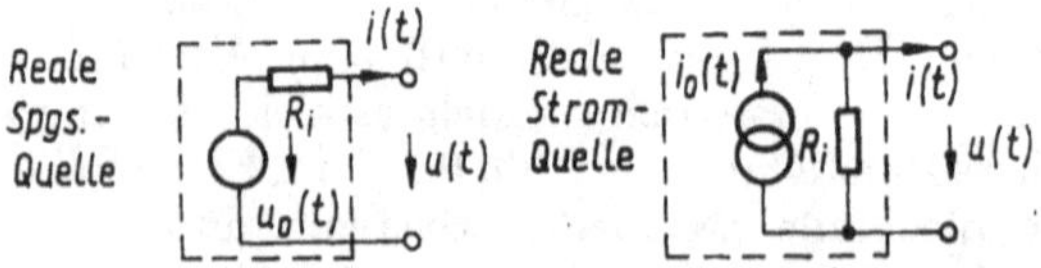

$u(t) = u_0(t) - R_i\, i(t)$ $\quad$ $i(t) = i_0(t) - \frac{1}{R_i}\, u(t)$
Äquivalenz verlangt $\boxed{u_0 = R_i \cdot i_0}$</td></tr>
<tr><td>-ab-
hängige</td><td colspan="4">z. B. $u_2(t) = R i_1(t)$, $\quad$ $i_2(t) = V i_1(t)$</td></tr>
<tr><td rowspan="5">Passive System-elemente</td><td>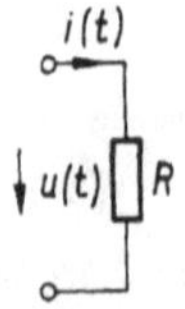
</td><td>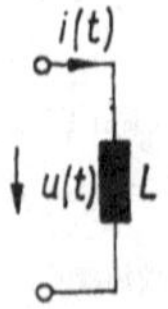
</td><td>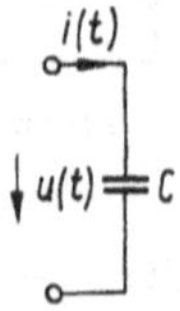
</td><td></td></tr>
<tr><td colspan="3">Beschreibung im Zeitbereich</td><td rowspan="2">$u(+0)$ und $i(+0)$ sind die Anfangswerte, da L und C speicherfähige Systemelemente sind</td></tr>
<tr><td>$u(t) = R i(t)$
oder
$i(t) = \frac{1}{R}\, u(t)$</td><td>$u(t) = L \frac{\mathrm{d}i}{\mathrm{d}t}$
oder
$i(t) = \frac{1}{L} \int_0^t u(\tau)\, \mathrm{d}\tau + i(+0)$</td><td>$u(t) = \frac{1}{C} \int_0^t i(\tau)\, \mathrm{d}\tau + u(+0)$
oder
$i(t) = C \frac{\mathrm{d}u}{\mathrm{d}t}$</td></tr>
<tr><td colspan="3">Beschreibung im Bildbereich</td><td rowspan="2">Gültig für den Fall, daß die Anfangswerte verschwinden</td></tr>
<tr><td>$U(p) = R I(p)$
oder
$I(p) = \frac{1}{R}\, U(p)$</td><td>$U(p) = p L I(p)$
oder
$I(p) = \frac{1}{pL}\, U(p)$</td><td>$U(p) = \frac{1}{pC}\, I(p)$
oder
$I(p) = p C U(p)$</td></tr>
</table>

Tafel 1.4. Ideale Übertrager und festgekoppelte Spulenpaare

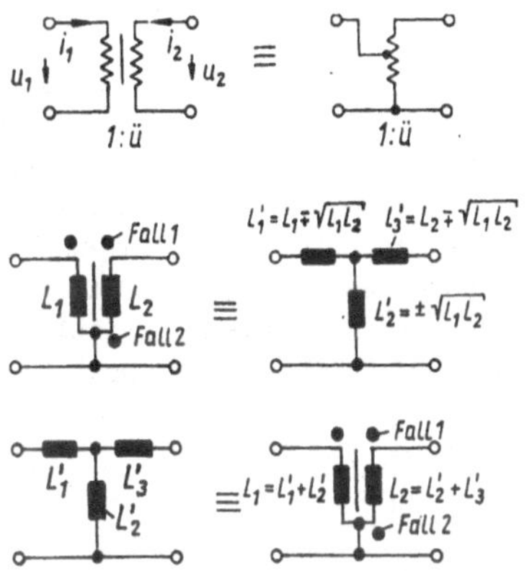

Auf dem Papier kann damit in jedem System eine Widerstandsänderung herbeigeführt werden, die wegen der Übertragungseigenschaften

$$u_2 = \ddot{u} u_1 \quad \text{und} \quad i_2 = -\frac{i_1}{\ddot{u}} \tag{1.8}$$

durch

$$Z_2 = \ddot{u}^2 Z_1 \tag{1.9}$$

charakterisiert ist. Systeme, die aus Ohmschen Widerständen, Induktivitäten, Kapazitäten und idealen Übertragern aufgebaut sind, nennen wir kürzer *RLCü-Systeme* oder *RLCü-Netzwerke*[1]). Sie spielen sowohl

---

[1]) Als sinnvolle Abkürzung sprechen wir von *R*-, *L*-, *C*-, *ü*-Elementen bzw. von beliebigen Kombinationen, z. B. von *LC*-, *RC*-, *RLCü*-Netzwerken. Wir verstehen darunter Subsysteme, die aus solchen „idealen" Elementen aufgebaut sind. Die Praxis hat bewiesen, daß dadurch überschaubar wesentliche Resultate erzielt werden können. Wenn mit verfeinerten Elementemodellen gerechnet wird, weisen wir explizit darauf hin. Als Beispiel sei vorweg erwähnt, daß Hochfrequenz- oder HF-Schwingkreise realistisch durch ein *RLC*-Modell beschreibbar sind, bei dem die Ohmschen Verluste der (technischen) Spule und des (technischen) Kondensators durch einen Widerstand summarisch erfaßt werden. (Einzelheiten s. Bd. 2).

beim Zweipol- als auch beim Vierpolentwurf eine wichtige Rolle. Für die Anwendung ist es vorteilhaft, Zusammenhänge zwischen einem *gekoppelten Spulenpaar* und Kombinationen von kopplungsfreien Spulen in Verbindung mit idealen Übertragern zu kennen. Insbesondere können Spulensterne bzw. Spulendreiecke bzw. mit einem bestimmten $\ddot{u}$ auch sogenannte *L-Formen* in Verbindung mit einem idealen Übertrager durch ein gekoppeltes Spulenpaar oder einen verlustlosen Übertrager mit endlichen verlustlosen Selbstinduktivitäten L_1 und L_2 sowie der Gegeninduktivität $M = M_{12} = M_{21}$ bzw. der Streuung $k = M/\sqrt{L_1 L_2}$ äquivalent ersetzt werden.

Durch elementaren Vergleich der in Tafel 1.5 als äquivalent ausgewiesenen Strukturen finden wir die genannten Verknüpfungsgesetze. (Auf die Verifizierung wird hier im einzelnen verzichtet, sie wird aber dem Leser als nützliche Übung empfohlen.) Zunächst sind die *Ersatz-T-*, *Ersatz-π-* und *Ersatz-L*-Netzwerke als Funktion von L_1, L_2 und M bzw. k formuliert. Die Bestimmungsgleichungen nehmen zunächst keine Rücksicht auf realisierbare Ersatznetzwerke, d. h., einzelne Ersatzspulen können negativ ausfallen. Das kann auch eintreten, wenn die Gegeninduktivität des gekoppelten Spulenpaares positiv ist. Zum anderen können mitunter bei Anwendungen durch angrenzende positive Induktivitäten negative Werte so berücksichtigt werden, daß insgesamt nur realisierbare Bemessungen eintreten. Einen Sonderfall stellen *festgekoppelte Spulenpaare* dar. Sie sind durch

$$M^2 = L_1 L_2 \quad \text{oder} \quad k^2 = 1 \quad \text{bzw.} \quad |k| = 1 \tag{1.10}$$

charakterisiert. Äquivalent sind in diesem Falle Spulensterne (ohne idealen Übertrager) mit der Elementeverknüpfung

$$\frac{1}{L_1'} + \frac{1}{L_2'} + \frac{1}{L_3'} = 0 \tag{1.10a}$$

Tafel 1.5. Gekoppeltes Spulenpaar und ausgewählte äquivalente Strukturen

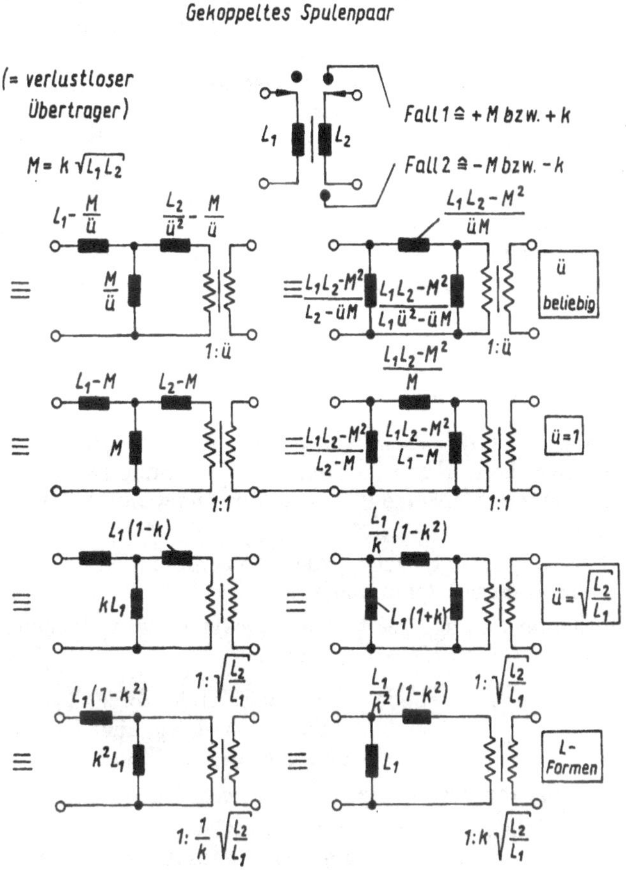

und Zuordnungsgesetzen, wie in Tafel 1.4 unten notiert. Wegen der Anwendungen bei späteren Problemen wird sowohl die Umwandlung Spulenpaar → Spulenstern als auch die Umwandlung Spulenstern → Spulenpaar aufbereitet mitgeteilt. (Die Möglichkeit der Umkehrung existiert in gleicher Weise für den allgemeinen Fall. Dann sind nur die Gleichungen nach den „unbekannten“ L_1, L_2 und M bzw. k aufzulösen.)

Analog können Umwandlungsgesetze für Ersatz-T-, Ersatz-π- und Ersatz-L-Netzwerke aus Kapazitäten in Verbindung mit einem idealen Übertrager, die einem Spulenpaar äquivalent sind, aufgestellt werden.

Wenn wir uns auf den Fall verschwindender Anfangswerte bei $t = +0$ beschränken, so ist evident, daß insbesondere bei Analog-Systemen mit den genannten konzentrierten Elementen nur *rationale Bildfunktionen in p* für alle nur möglichen *Immittanz-*[1]) *und Übertragungsfunktionen* vorkommen können.

Bezüglich der *Zählpfeile* vereinbaren wir folgendes: Wir unterscheiden

— Verfahren der *zwangsläufigen Bezugsrichtungen*

(Kennzeichen: Nur der *Strompfeil* – vorzugsweise *auf* dem Leiter eingetragen – wird verwendet mit der Festlegung

- Stromrichtung zeigt vom höheren zum niederen Potential bei Spannungen und
- Stromrichtung zeigt vom niederen zum höheren Potential bei *Ur*spannungen)

Vorteil dieser Methode: Ein Zählpfeil je Zweig (= gerichteter Zweig) genügt zur eindeutigen Beschreibung

— Verfahren der *willkürlichen Bezugsrichtungen*

Kennzeichen: Strom- und zusätzlich Spannungspfeil (dieser vorzugsweise *neben* dem betrachteten Element eingetragen) werden unabhängig verwendet mit der Festlegung

- Spannungspfeil weist auf das niedrigere Potential hin.

---

[1]) Kunstwort aus Impedanz und Admittanz als Sammelbegriff für Widerstands- und Leitwertfunktionen

Vorteil dieser Methode: Übersichtlicher bei allgemeinen Netzwerken (ein markanter Anwendungsfall dafür ist die mathematische Vorzeichenregel in der Vierpoltheorie, Abschn. 2.4.)

1.2.2. Beschreibung im Zeitbereich

Der Grundgedanke, das Systemverhalten durch ein Signal als Kennfunktion zu beschreiben, beruht auf der Betrachtung der Wirkung (= Empfangszeitfunktion), die ein Test- oder Standard- (Sende-) Signal hervorruft.

Wird als Ursache oder Sendesignal (s. Abb. 0.1) $f_1(t) = \delta(t)$ mit $\mathcal{F}\{\delta(t)\} = \mathcal{L}\{\delta(t)\} = 1$ angenommen, so nennen wir die zugehörige Wirkung oder das Empfangssignal $f_2(t) = g(t) =$ *Gewichtsfunktion.* (Hilfsvorstellung: Die „konstante" Sendespektraldichte $F_1 = 1$ wird beim Durchlaufen des Systems „gewichtet", und die dadurch entstandene Empfangsspektraldichte F_2 führt rücktransformiert auf $g(t)$. Eine weitere Möglichkeit ist die Kennzeichnung durch die „integrale Gewichtsfunktion" oder die *Übergangsfunktion* $ü(t)$, herrührend von $f_1(t) = s(t)$. Für Überblicksuntersuchungen ist die Kenntnis dieser Systemzeitfunktion oft nützlich. In Tafel 1.6 sind gesetzmäßig die zugehörigen Eigenschaften für Analogsysteme bzw. -netzwerke notiert.

1.2.3. Beschreibung im Frequenz- bzw. Bildbereich

Für prinzipielle Untersuchungen, insbesondere bei Problemen der frequenzmultiplexen Nachrichtentechnik, sind Frequenzgang- bzw. Ortskurvenmessungen notwendig und üblich.

Herausragende (theoretische) Bedeutung hat

Systembildfunktion

$$= \frac{\text{Transformierte der Wirkungszeitfunktion}}{\text{Transformierte der Ursachenzeitfunktion}}$$

oder formelmäßig, wenn als Rechenhilfsmittel die $\mathcal{L}$-Transformation herangezogen wird

$$T(p) = \frac{\mathcal{L}\{f_2(t)\}}{\mathcal{L}\{f_1(t)\}} = \frac{F_2(p)}{F_1(p)}. \tag{1.11}$$

Übliche Bezeichnungen für $T(p)$ sind auch komplexe *Übertragungsfunktion* oder komplexer *Übertragungsfaktor*. Im Netzwerkfall ist der Begriff Netzwerkfunktion das entsprechende allgemeine Synonym. $T(p)$ ist wie $g(t)$ und $ü(t)$ eine „Gesamtfunktion", da sie vollständig das Übertragungsverhalten beschreibt. Insbesondere gilt stets

Gewichtsfunktion
= Rücktransformierte der Systembildfunktion

oder formelmäßig

$$g(t) = \mathcal{L}^{-1}\{T(p)\}. \tag{1.11a}$$

Die *Netzwerkfunktion* hat als Sammelbegriff für beliebige komplexe Immittanz- und Übertragungsfunktionen in Abhängigkeit von der Bildvariablen p *Fundamentalcharakter*, da sich daraus (wie noch gezeigt wird, Abschn. 2.5) alle meßbaren Charakteristiken herleiten lassen. (Der Sonderfall der Immittanz- oder Zweipolfunktion, d. h., Wirkung und Ursache stammen vom gleichen Klemmenpaar, ist in (1.11) enthalten).

Obwohl die Systembildfunktion $T(p)$ auf die dynamische Untersuchung (z. B. Berechnung allgemeiner Schalt- und Ausgleichsvorgänge) zugeschnitten ist, kann bei *Aufgaben der Netzwerkanalyse $T(p)$ einfach mit Hilfe der symbolischen Methode ermittelt werden*, wenn *nur $j\omega$ durch p* ersetzt wird.

($T(j\omega)$ ist als die zugehörige *stationäre* Übertragungsfunktion, z. B. in Form einer Ortskurve und im Gegensatz zu $T(p)$, meßbar.) Unter *Systemcharakteristiken* wollen wir i. a. reelle — und damit leicht meßbare — Zeit- oder Frequenzfunktionen verstehen. (Wie in 1.2.2. erläutert, beschreiben geeignet gewählte Systemcharakteristiken als Zeitfunktionen eine Systembildfunktion vollständig, s. Tafel 1.7). Eine Systemcharakteristik als *Frequenzfunktion* beschreibt i. a. aber nur eine *Teileigenschaft der Systembildfunktion*. (Ausnahmefall: Minimalphasige Systeme, bei denen eine eindeutige Zuordnung zwischen zwei zusammengehörigen Systemcharakteristiken existiert [F 5]).

Tafel 1.7 zeigt geordnet die Zerlegungsmöglichkeiten (die auch allgemein für ein beliebiges $F(j\omega)$ gelten). Sie enthält die Definitionen für Laufzeit-Charakteristiken und gibt Auskunft über das Zusammenspiel. Daraus geht hervor, daß die meßbaren Kennfunktionen zentral mit $T(j\omega)$ verknüpft sind und daß umfassender $T(p)$ eine Schlüsselrolle einnimmt.

Beispiel 1.1

Vertrautwerden mit der Potenzreihenentwicklung zur Auffindung eines potentiellen $T(p)$

Gegeben: $f_1(t)$ und $f_2(t)$
Gesucht:

1. Ansatz für ein mögliches $T(p) = \dfrac{\sum\limits_{\mu=0}^{m} a_\mu p^\mu}{\sum\limits_{\nu=0}^{n} b_\nu p^\nu}$ durch Vergleich einer Potenzreihenentwicklung des idealen $T_i(p) = \dfrac{\mathscr{L}\{f_2(t)\}}{\mathscr{L}\{f_1(t)\}}$ unter Beachtung der Grenzwertsätze?

2. Zahlenwerte für a_μ und b_ν bei vorgegebenem $n = 3$ und den Signalvorschriften $f_1(t) = s(t)$ und $f_2(t) = s(t) - s(t-1)$ (Rechteckimpuls)?

Lösung:

zu 1. Allgemein gilt bei der Gleichsetzung von $T_i(p) = T(p)$

$$c_0 + c_1 p + c_2 p^2 + \cdots = \frac{a_0 + a_1 p + \cdots + a_m p^m}{1 + b_1 p + b_2 p^2 + \cdots b_n p^n},$$

wobei die a_μ und b_ν zunächst nicht bekannt sind. Aus $k = m$

Tafel 1.6. Systemkennfunktionen im Zeit- und Bildbereich

Kennfunktionen im

Zeitbereich	Merkmal	Bildbereich
$\int\limits_{\infty}^{\infty} \lvert g(t)\rvert \, dt = M < \infty$	stabil	$\lvert T(p)_{p=j\omega}\rvert \leqq \int\limits_{-\infty}^{\infty} \lvert g(t)\rvert \, dt = M < \infty$
$g(t) = 0$ für $t < 0$	kausal	$\frac{1}{2\pi j} \int\limits_{\sigma-j\omega}^{\sigma+j\omega} T(p)\, e^{jpt}\, dp = 0$ für $t < 0$

Sonderfall: Netzwerke mit konzentrierten Elementen

Dgl. mit konstanten Koeff.		Ü-Funktion
$\sum\limits_{\nu=0}^{n} b_\nu f_2^{(\nu)}(t) = \sum\limits_{\mu=0}^{m} a_\mu f_1^{(\mu)}(t)$	a_μ, b_ν reell	$T(p) = \frac{\sum\limits_{\mu=0}^{m} a_\mu p^\mu}{\sum\limits_{\nu=0}^{n} b_\nu p^\nu} = \frac{F(p)}{G(p)}$

$$\frac{\mathscr{L}\{f_2(t)\}}{\mathscr{L}\{f_1(t)\}} = T(p) = \frac{a_m}{b_n} \frac{\prod\limits_{\mu=1}^{m} (p - p_{0_\mu})}{\prod\limits_{\nu=1}^{n} (p - p_{x_\mu})}$$

mit

$m \leqq n$ (Ausnahme: Zweipolfall mit Gradunterschied < 1)

$G(p) =$ Hurwitz-Polynom

Ergänzungen:

- Zentrale Bedeutung hat die Pol-Nullstellen-Darstellung (PN-Plan) von $T(p)$

  Entsprechende Kennfunktionen existieren für diskrete Netzwerke (Band 4)

  Der Ansatz $T(E) = \frac{\sum\limits_{\mu=0}^{m} a_\mu E^\mu}{\sum\limits_{\nu=0}^{n} b_\nu E^\nu}$, wobei nur $\frac{1}{E(p)}$ ein realisierbares Teilsystem repräsentiert, ist eine übergeordnete Form für Analog- und Diskretsysteme [S 1], [F 4].

Tafel 1.7. **Systemcharakteristiken (Gesetze und Verknüpfungen)**

Zerlegungsmöglichkeiten für stationäre $T(j\omega)$

Realteil-Charakteristik	$T_g(\omega)$	mit $T_g(\omega) + jT_u(\omega) = T(j\omega)$
Imaginärteil-Charakteristik	$T_u(\omega)$	
Betrags-Charakteristik	$\lvert T(j\omega)\rvert$	mit $\lvert T(j\omega)\rvert \, e^{-jB(\omega)} = T(j\omega)$
Phasen-Charakteristik	$B(\omega)$	
Dämpfungs-Charakteristik	$A(\omega)$, $B(\omega)$	mit $e^{-A(\omega)} \, e^{-jB(\omega)} = T(j\omega)$
Drosselungs-Charakteristik (als besonders vorteilhafte Hilfsfunktion für Filter)	$D(\omega)$, $B(\omega)$	mit $\dfrac{1}{\sqrt{1 + D^2(\omega)}} \, e^{-jB(\omega)} = T(j\omega)$

Laufzeit-Charakteristiken

Phasenlaufzeit	$T_{ph}(\omega) = \dfrac{B(\omega)}{\omega}$
Gruppenlaufzeit	$T_{gr}(\omega) = \dfrac{dB(\omega)}{d\omega}$

Zusammenspiel der Systemcharakteristiken (Auswahl)

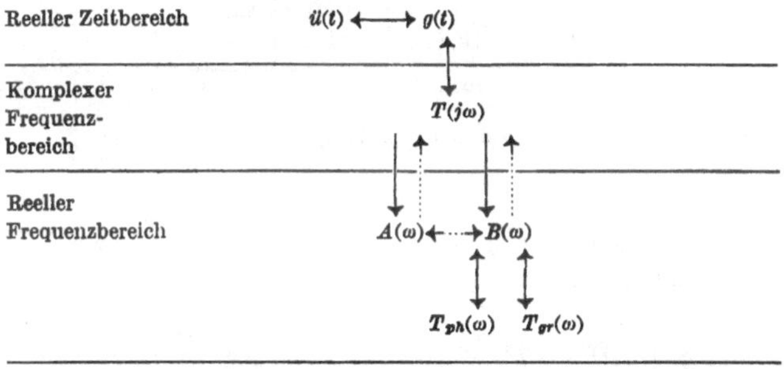

Erklärung: ⟷ **reversible Verknüpfung,** ⟶ **nichtreversible Verknüpfung,** ←···→ / ·······→ **Verknüpfung nur in Sonderfällen möglich**

$+ n + 1$ Gliedern, wobei k ein Maß für den „Aufwand" ist, können diese vorerst unbekannten Koeffizienten errechnet werden. Ein angepaßter Wert für den Gradunterschied ($m \leqq n$ ist dabei im Übertragungsfall nach Tafel 1.5. immer zu gewährleisten) kann durch die Aussage

$$\lim_{p \to \infty} T_i(p) \sim \lim_{p \to \infty} T(p)$$

gefunden werden.

zu 2. Bildlich dargestellt liegt ein Zahlenbeispiel, wie in Abb. 1.3 skizziert, vor. Damit gilt

$$T_i(p) = \frac{\mathscr{L}\{f_2(t)\}}{\mathscr{L}\{f_1(t)\}} = \frac{1 - e^{-p}}{p} = \frac{1 - \left(1 - p + \frac{p^2}{2!} - \frac{p^3}{3!} + \ldots\right)}{p}$$

$$= 1 - \frac{1}{2} p + \frac{1}{6} p^2 - \frac{1}{24} p^3 + \frac{1}{120} p^4 \ldots$$

$$= \sum_{k=0}^{\infty} (-1)^k \frac{p^k}{(k+1)!}.$$

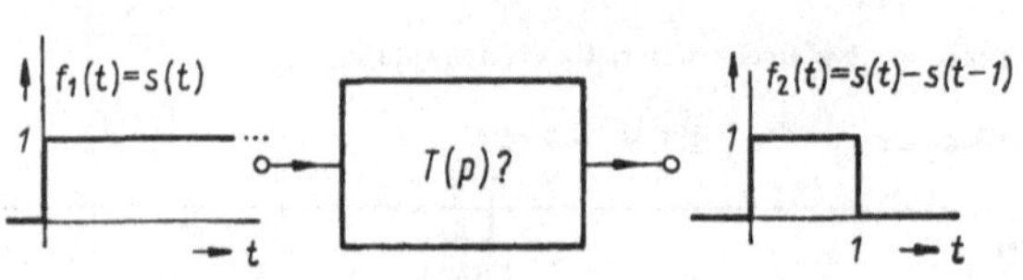

Abb. 1.3. Spezielles Beispiel eines Impulswandlers

Mit der Vorgabe $n = 3$ und wegen $\lim_{p \to \infty} T_i(p) = \frac{1}{p}$ oder $n - m = 1$ erhalten wir

$$c_0 + c_1 p + c_2 p^2 + c_3 p^3 + c_4 p^4 + c_5 p^5 = \frac{a_0 + a_1 p + a_2 p^2}{1 + b_1 p + b_2 p^2 + b_3 p^3}.$$

Gleichbedeutend damit ist das simultane Gleichungssystem (wenn für c_x die eben errechneten Zahlenwerte eingesetzt werden),

$$
\begin{aligned}
a_0 &= 1\\
a_1 &= -\frac{1}{2} + b_1\\
a_2 &= \frac{1}{6} - \frac{1}{2} b_1 + b_2\\
0 &= -\frac{1}{24} + \frac{1}{6} b_1 - \frac{1}{2} b_2 + b_3\\
0 &= \frac{1}{120} - \frac{1}{24} b_1 + \frac{1}{6} b_2 - \frac{1}{2} b_3\\
0 &= -\frac{1}{720} + \frac{1}{120} b_1 - \frac{1}{24} b_2 + \frac{1}{6} b_3
\end{aligned}
$$

das aufgelöst ein gefordertes approximatives

$$T(p) = \frac{120 + 2p^2}{120 + 60p + 12p^2 + p^3}$$

ergibt.

Beispiel 1.2.

Vertrautwerden mit elementaren Systemcharakteristiken

Gegeben: $T(p) = \frac{1}{1 + 2p + 2p^2 + p^3}$ [1]) mit einem Blockbild, wie in Abb. 1.4 skizziert.

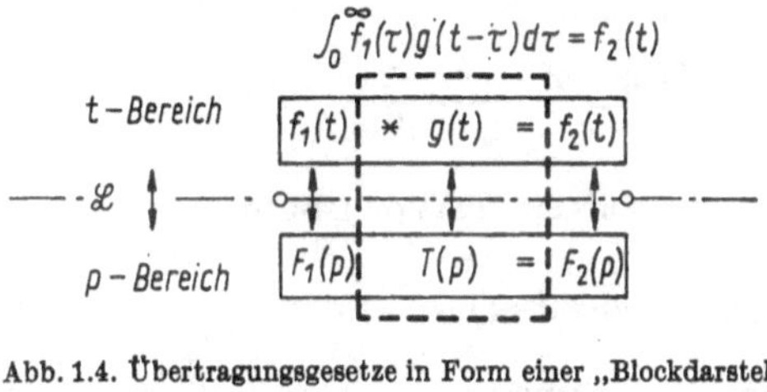

Abb. 1.4. Übertragungsgesetze in Form einer „Blockdarstellung"

[1]) Obwohl die Berechnungsgesetze allgemein gelten, wird als Einführungsbeispiel eine spezielle Subsystem- oder Netzwerkfunktion gewählt, für die wir noch praktischere Methoden (Abschn. 2.3.ff) kennenlernen werden.

Gesucht: Die zugehörigen Charakteristiken $g(t)$, $ü(t)$, $|T(j\omega)|$, $A(\omega)$ in Np und dB, $B(\omega)$ und $T_{ph}(\omega)$, $T_{gr}(\omega)$

Lösung: Mit (1.11a) gilt

$$g(t) = \mathscr{L}^{-1}\{T(p)\} = \mathscr{L}^{-1}\left\{\frac{1}{p+1} + \frac{-p}{p^2+p+1}\right\}$$

$$= \left[e^{-t} + \frac{2}{\sqrt{3}} e^{-1/2t} \sin\left(\frac{\sqrt{3}}{2}t - 60^\circ\right)\right] s(t)$$

und integriert

$$\int_0^t g(u)\,du = ü(t) = \left[1 - e^{-t} - 2\frac{2}{\sqrt{3}} e^{-1/2t} \sin\frac{\sqrt{3}}{2}t\right] s(t).$$

$$\text{Aus } T(j\omega) = \frac{1}{1 + 2j\omega + 2(-j\omega)^2 + (-j\omega)^3}$$

$$= \frac{1}{1 - 2\omega^2 + j\omega(2 - \omega^2)}$$

erhalten wir nach Tafel 1.4

$T(j\omega)| = \dfrac{1}{1+\omega^6}$, $\quad A(\omega) = -\ln|T(j\omega)| = \dfrac{1}{2}\ln(1+\omega^6)$ in Np oder $A(\omega) = -20\lg|T(j\omega)| = 10\lg(1+\omega^6)$ in dB,

$$B(\omega) = -\operatorname{arc}\{T(j\omega)\} = \tan^{-1}\frac{\omega(2-\omega^2)}{1-2\omega^2},$$

$$T_{ph}(\omega) = \frac{B(\omega)}{\omega} = \frac{1}{\omega}\tan^{-1}\frac{\omega(2-\omega^2)}{1-2\omega^2}$$

$$T_{gr}(\omega) = \frac{dB(\omega)}{d\omega} = \frac{2+\omega^2+2\omega^4}{1+\omega^6}$$

Abb. 1.5. zeigt den Verlauf der Charakteristiken.

1.3. *Normierung und Entnormierung*

Zunächst wird — wie immer — vom Grundsatz

|| physikalische Größe = Zahlenwert × Einheit

ausgegangen. Grundlage ist ferner das Internationale

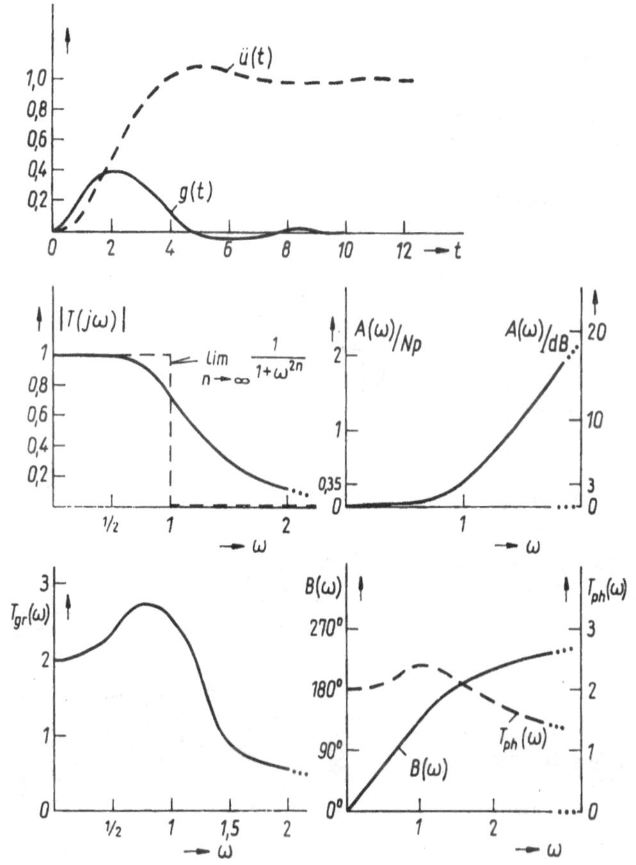

Abb. 1.5. Zeit- und Frequenzcharakteristiken gehörend zum Beispiel 1.2.

Einheitensystem (SI) [F 6]. Damit lassen sich alle Einheiten kohärent aus den Basisgrößen herleiten. Der wesentliche Vorteil der SI-Einheiten besteht darin, daß alle Größengleichungen gleichzeitig auch Zahlenwertgleichungen sind, d. h., beim Einsetzen von Zahlenwerten

Tafel 1.8. Beispiele für die Normierung von Signalen und Systemen

1. **Signale**

1.1. Normierte Signale

(Index n und Vorfaktoren mit dem Zahlenwert 1 sind weggelassen)

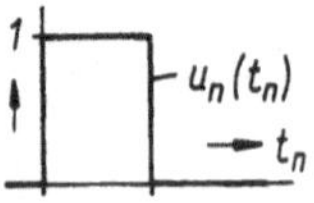

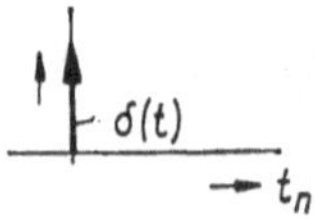

1.2. Modellsignale

(Entstanden aus 1.1. durch „Einheitsbezugsgrößen", Vorfaktoren werden mitgeschrieben)

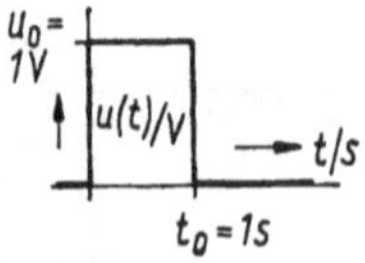

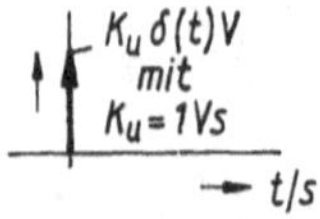

1.3. Tatsächliche Signale

(Entstanden aus 1.1. durch beliebig wählbare Bezugsgrößen)

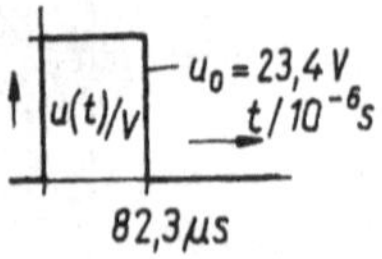

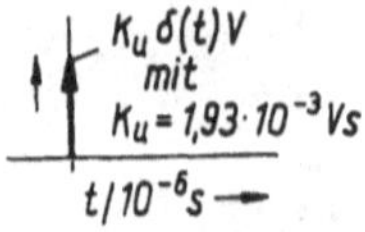

2. **Systeme**

2.1. Normierte Systeme

(Einheitenlose Elemente und Veränderliche)

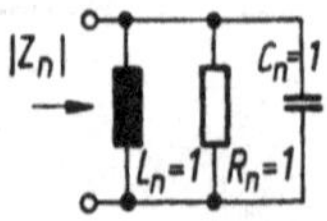

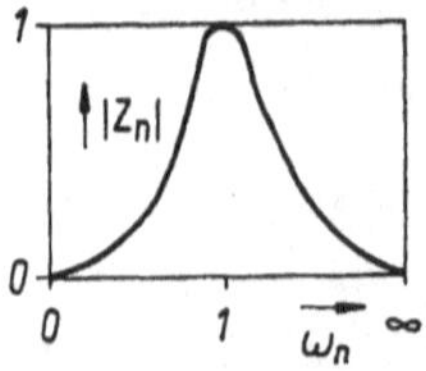

2.2. Modellsysteme

(Entstanden aus 2.1. durch „Einheitsbezugsgrößen", d. h. $R_B = 1\,\Omega$ und $\omega_B = 1\ \text{rad s}^{-1}$)

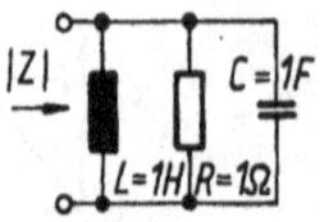

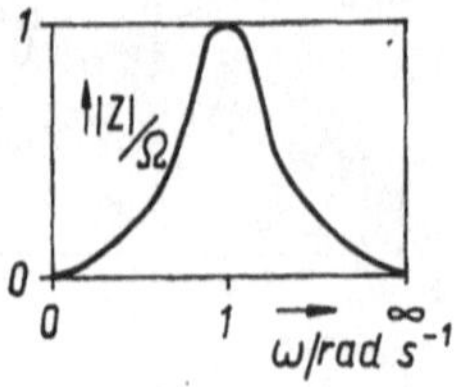

2.3. Tatsächliche Systeme

(Entstanden aus 2.1. durch beliebig wählbare Bezugsgrößen. Im Beispielfall $R_B = 200\,\Omega$ und $\omega_B = 10^6\ \text{rad s}^{-1}$)

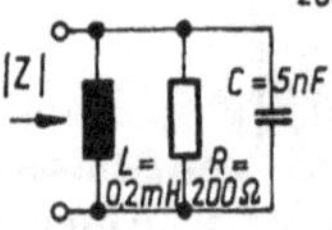

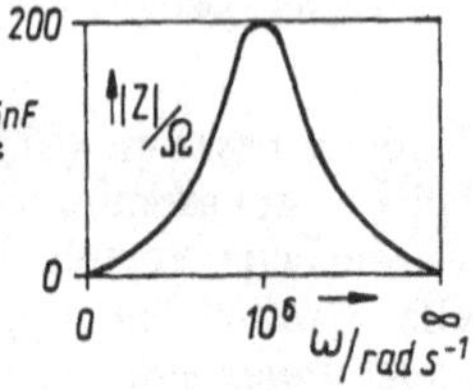

in die Formeln *können* die Einheiten weggelassen werden, da die gesuchte Größe ebenfalls in der Einheit des gleichen „Maßsystems" auftritt. (Hinweis: Diese vereinfachte Methode entbehrt der mit Größengleichungen verbundenen Kontrollmöglichkeit.)

Speziell bei linearen elektrischen Systemen gilt die Grundregel [F 11]:

> Drei — willkürlich wählbare — konstante Bezugsgrößen u_B, R_B und ω_B ermöglichen eine dimensionslose Beschreibung aller Signal- und Systemgrößen, die Universalität und Rechenvorteile bringt.

Die Normierung bewirkt damit grundsätzlich eine

- Änderung des Spannungs-Niveaus, eine
- Änderung des Impedanz-Niveaus und eine
- Änderung des Frequenzmaßstabes.

(Wenn, wie es oft zutrifft nach (1.11a), nur Verhältnisgrößen betrachtet werden, genügen als Bezugsgrößen R_B und ω_B.)

Allgemein gelten folgende *Normierungsgleichungen*

$$\frac{u}{u_B} = u_n, \quad t\omega_B = t_n, \quad \frac{\omega}{\omega_B} = \omega_n,$$
$$\frac{R}{R_B} = R_n, \quad \frac{\omega_B L}{R_B} = L_n, \quad R_B\omega_B C = C_n \qquad (1.12)$$

und *Entnormierungsgleichungen*

$$u = u_n u_B, \quad t = t_n \frac{1}{\omega_B}, \quad \omega = \omega_n \omega_B,$$
$$R = R_n R_B, \quad L = L_n \frac{R_B}{\omega_B}, \quad C = C_n \frac{1}{\omega_B R_B}. \qquad (1.13)$$

Daraus leiten sich nachstehende Beschreibungsformen ab, die in Tafel 1.8 an speziellen Beispielen erläutert sind.

1. *Normierte Signale und Systeme*, d. h. konsequentes Rechnen mit normierten Größen u_n, t_n, ω_n, R_n, L_n und C_n einschließlich aller daraus ableitbaren Größen, wobei in

der internationalen Literatur *zur Vereinfachung* der *Index n* und *Vorfaktoren* mit dem Zahlenwert 1 *weggelassen werden.*

Vorteile: Bequeme Zahlenrechnungen, universelle Signale und Systeme, direkt für EDV aufbereitet.

Nachteile: Beim Unterdrücken der „1-Elemente" versagt sogar die „scheinbare Einheitenprobe".

2. *Modellsignale und -Systeme,* d. h. konsequentes Rechnen mit *physikalischen Größen* u, t, ω, R, L und C einschließlich aller daraus ableitbaren Größen, die speziell aus den normierten Größen entstanden sind durch die Bezugswerte

$$u_B = 1\,\mathrm{V}, \quad R_B = 1\,\Omega \quad \text{und} \quad \omega_B = 1\,\mathrm{rad\,s^{-1}}$$

(Praktisch heißt das: Die Zahlenwerte der normierten Signale und Systeme sind identisch mit denen der Modellsignale und -Systeme. „1-Elemente" dürfen nicht unterdrückt werden.)

Vorteile: Rechnen mit physikalischen Größen, die immer eine Einheitenprobe zulassen, universelle Signal- und Systemdarstellungen, praktische Rechenvorteile.

Nachteil: Nicht unmittelbar für EDV aufbereitet.

3. *Tatsächliche Signale und Systeme,* d. h. konsequentes Rechnen mit den *tatsächlichen* dimensionsbehafteten *Größen* u, t, ω, R, L und C einschließlich aller daraus ableitbaren Größen.

Vorteile: Jegliche „Transformation" entfällt, Einheitenprobe ist möglich.

Nachteile: Keine Universalität, umständliche Zahlenrechnung, nicht für EDV aufbereitet.

Aufgrund dieser Erkenntnisse vereinbaren wir:

Alle Signal- und Systemgrößen stellen wir bei üblichen Bezeichnungen — also ohne den Index n — normiert, d. h. ohne Einheiten dar.

Damit ist unmittelbar die Einbeziehung der Rechentechnik möglich, und der Übergang zu tatsächlichen Formen ist ohne Problematik. Insbesondere erreichen wir durch geeignet gewählte R_B und $\omega_B = 2\pi f_B$, daß Zahlenwerte für die Netzwerkelemente etwa zwischen 0,1 ... 10 liegen. Tatsächliche Netzwerke werden durch Mitführen der Einheiten besonders gekennzeichnet.

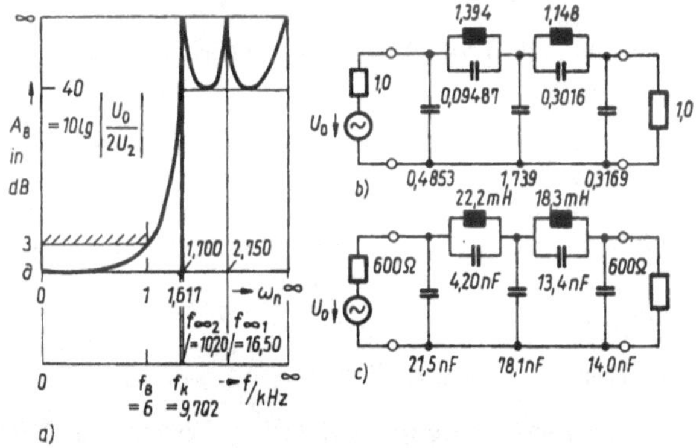

Abb. 1.6. **Zur Erläuterung normierter und entnormierter Darstellungen**

a) **Dämpfungscharakteristik** mit normierter und wirklicher Frequenzskala

b) Normierte Schaltung

c) tatsächliche Schaltung mit $R_B = 600\ \Omega$ und $\omega_B = 2\pi 6 \cdot 10^3$ rad s^{-1}

Beispiel 1.3

Anwendung der Entnormierung

Gegeben: Dämpfungscharakteristik $A_B(\omega_n)$ und normierte Filterschaltung wie in Abb. 1.6a und b skizziert.

Gesucht: Tatsächlicher $A_B(f)$-Verlauf und tatsächliche Struktur einschließlich Bemessung bei $R_B = 600\ \Omega$ und $f_B = 6$ kHz?

Lösung: Wir erhalten das gesuchte $A_B(f)$, wenn wir mit einer wirklichen Frequenzskala $f = \omega_n f_B$ rechnen, die in Abb. 1.6a zusätzlich eingetragen ist.

Mit den Bezugsgrößen ω_B und f_B lassen sich weitere Bezugswerte

$$L_B = \frac{R_B}{2\pi f_B} = 15{,}9\,\text{mH} \quad \text{und} \quad C_B = \frac{1}{2\pi f_B R_B} = 44{,}3\,\text{nF}$$

ermitteln. Wegen (1.3) gelten die praktischen Bestimmungsgleichungen

$$R_\nu = R_{n_\nu} R_B, \qquad L_\nu = L_{n_\nu} L_B, \qquad C_\nu = C_{n_\nu} C_B, \qquad (1.14)$$

die zu der in Abb. 1.6c skizzierten wirklichen Schaltungsbemessung führen.

Erkenntnis: *Aus einer* (normierten) *Grundform* lassen sich angepaßt an die tatsächlichen Einsatzbedingungen (d. h. durch die willkürliche Wahl von R_B und f_B) *beliebig viele Schaltungen* mit anderen Frequenzskalen herleiten. Dieses rationelle Prinzip werden wir noch weiter ausbauen und aus

normierten Tiefpaßformen → tatsächliche Hochpässe (HP) oder tatsächliche Bandpässe (BP)

oder tatsächliche Bandsperren (BS)

vorteilhaft berechnen (Band 2).

Ergänzungsliteratur: [C 3], [D 1], [F 1], [F 4], [F 5], [F 6,] [K 1, S] [1, U 1].

2. Netzwerkanalyse

2.1. Netzwerkfunktionen

Das Grundanliegen der Netzwerkanalyse besteht darin, zwischen den Impedanz- oder Admittanz- bzw. Übertragungseigenschaften eines Netzwerkes und den Netzwerkelementen Verknüpfungen herzustellen. Für die analytisch-theoretische Beschreibung sind Gesetze im Bildbereich besonders vorteilhaft, die sich insbesondere bei dem nachstehend stets vorausgesetzten Fall von Netzwerken ohne Anfangsenergie durch Variablenaustausch sowohl einfach berechnen (Anwendung der Symbolischen Methode mit $j\omega = p$) als auch meßtechnisch (bei $p = j\omega$) verifizieren lassen [F 7].

Netzwerkfunktionen werden zweckmäßig in

|| Immittanzfunktionen (oder Zweipolfunktionen)

und in

|| Übertragungsfunktionen

klassifiziert. In Tafel 2.1 sind die wesentlichen Möglichkeiten definiert. Die Eigenschaften des Netzwerkes sind abhängig von den

— Teileigenschaften der Netzwerkelemente und von der
— *Topologie* (d. h. der Zusammenschaltung) eben dieser

Netzwerkelemente.

Nach Tafel 1.3 kommen damit nur Kombinationen von Elementarfunktionen p in Betracht, die insgesamt zu den in Tafel 2.2 als Punkte 1. bis 5. notierten Grundeigenschaften führen. (Punkt 6 wird erst in Abschn. 2.1.3. erklärt und ist nur aus Vollständigkeitsgründen mit genannt.)

2.2. *Berechnung von Netzwerkfunktionen*

Grundlage sind die Gesetze

$$\sum_\nu i_\nu(t) = 0 \qquad \text{Kirchhoffsche Stromregel (= Knotenpunktsatz)} \qquad (2.1)$$

oder

$$\sum_\nu I_\nu(p) = 0,$$

Tafel 2.1. Praktische Immittanz- und Übertragungsfunktionen

Immittanzfunktionen

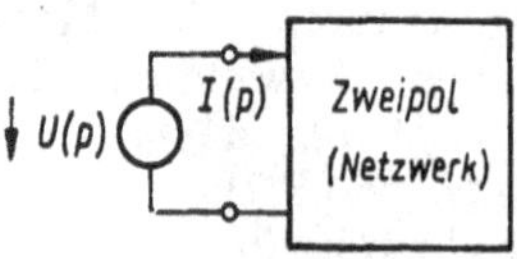

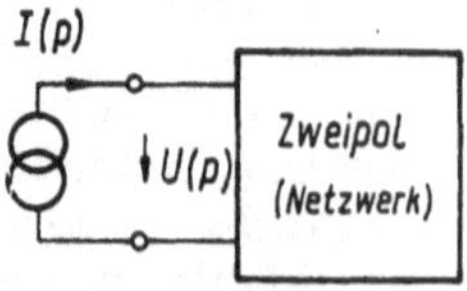

$$Y(p) = \frac{I(p)}{U(p)} = \frac{\text{Wirkung}}{\text{Ursache}} \quad \text{oder} \quad Z(p) = \frac{U(p)}{I(p)} = \frac{\text{Wirkung}}{\text{Ursache}}$$

Übertragungsfunktionen Grundformen sind:

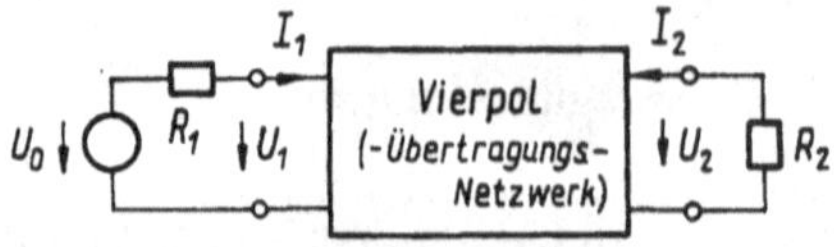

Spannungsübertragungsfaktor	$T_U(p) = \dfrac{U_2(p)}{U_1(p)} =$	praktischer Fall bei $R_1 \to 0$
Stromübertragungsfaktor	$T_I(p) = \dfrac{I_2(p)}{I_1(p)} =$	praktischer Fall bei $R_1 \to \infty$
Betriebsübertragungsfaktor	$T_B(p) = \dfrac{2U_2(p)}{U_0(p)} \sqrt{\dfrac{R_1}{R_2}} =$	praktischer Fall bei R_1 und R_2 endlich

Weitere Varianten sind z. B.

- Übertragungsleitwert $\quad Y_U(p) = \dfrac{I_2(p)}{U_1(p)}$
- Leerlauf-Spannungsübertragungsfaktor $\quad T_{LU}(p) = \dfrac{U_2(p)}{U_1(p)}\Bigg|_{R_2 = \infty}$
- Kurzschluß-Übertragungsleitwert $\quad Y_{KU}(p) = \dfrac{I_2(p)}{U_1(p)}\Bigg|_{R_2 = 0}$
- Übertragungswiderstand $\quad Z_U(p) = \dfrac{U_2(p)}{I_1(p)}$
- Kurzschluß-Stromübertragungsfaktor $\quad T_{KI}(p) = \dfrac{I_2(p)}{I_1(p)}\Bigg|_{R_2 = 0}$
- Leerlauf-Übertragungswiderstand $\quad Z_{LU}(p) = \dfrac{U_2(p)}{I_1(p)}\Bigg|_{R_2 = \infty}$

werden zweckmäßig als daraus ableitbare Spezialfälle angesehen.

Tafel 2.2. Eigenschaften von Netzwerkfunktionen

1. $N(p)$ sind (gebrochen) rationale Funktionen der Form

$$\frac{A(p)}{B(p)} = \frac{A_g(p) + A_u(p)}{B_g(p) + B_u(p)} \text{ mit reellen Koeffizienten}$$

2. Die Koeffizienten der Polynome $A(p)$ und $B(p)$ sind nur von den Netzwerkelementen und von der Netzwerkkonfiguration abhängig

3. (Absolute) Stabilität bedingt

$$\int_0^\infty |n(t)|\, dt = M < \infty \text{ bei } n(t) = \mathcal{L}^{-1}\{N(p)\}$$

4. Zähler- und Nennergrad einer Immittanzfunktion unterscheiden sich maximal um den Wert eins. Der Zählergrad einer einheitenlosen Übertragungsfunktion ist stets $\leq$ dem Nennergrad

5. Bei der Zerlegung in geraden und ungeraden Teil, d. h. bei

$$N(p) = N_g(p) + N_u(p),$$

gilt

$$N_g(p)|_{p=j\omega} = \operatorname{Re} N(j\omega) = \left.\frac{A_gB_g - A_uB_u}{B_g^2 - B_u^2}\right|_{p=j\omega}$$

$$N_u(p)|_{p=j} = j \operatorname{Im} N(j\omega) = \left.\frac{B_gA_u - A_gB_u}{B_g^2 - B_u^2}\right|_{p=j\omega}$$

$$N(p)\, N(-p)|_{p=j\omega} = |N(j\omega)|^2$$

5. Im stationären Fall gilt bei den Zerlegungen

$$N(j\omega) = \operatorname{Re} N(j\omega) + j \operatorname{Im} N(j\omega) = N(j\omega)\, e^{j\varnothing(\omega)}$$

stets

$$\operatorname{Re} N(j\omega) = \operatorname{Re} N(-j\omega), \quad \operatorname{Im} N(j\omega) = -\operatorname{Im} N(-j\omega)$$

$$|N(j\omega)| = |N(-j\omega)|, \quad \varnothing(\omega) = -\varnothing(-\omega)$$

6. Pol-Nullstellen-Eigenschaften der $N(p)$
   - Komplexe Pole (P) und Nullstellen (N) treten stets konjugiert komplex auf
   - Die Anzahl der P ist gleich der Anzahl der N, wenn die P oder N im Unendlichen mitgezählt werden
   - Ein absolut stabiles $N(p)$ hat nur Pole in der linken p-Halbebene (LHE)
   - Ein „einfach“[1]) stabiles $N(p)$ hat keine Pole in der rechten p-Halbebene (RHE) und nur einfache Pole auf der $j\omega$-Achse. Bei Immittanzen gilt diese Eigenschaft auch für die Nullstellen.

---

[1]) Einfach stabil heißt: Zulässig sind nur

$$N(p) = \frac{\sum_{\mu=0}^{m} b_\mu p^\mu}{\sum_{\nu=0}^{n} b_\nu p^\nu} + k_0 + k_1 p \qquad (m < n),$$

oder in der Gewichtsfunktion kommen *nur* begrenzte Terme, $\delta(t)$- und $\frac{d\delta(t)}{dt}$-Anteile vor.

d. h., für jede Schnittmenge eines Netzwerkes ist die Summe der Ströme durch die Schnittmenge gleich Null (ν = beteiligte Zweige, i_ν ist positiv, wenn es mit der willkürlich gewählten Bezugsrichtung des Schnittes übereinstimmt, andernfalls ist es negativ),

und

$\sum_\nu u_\nu(t) = 0$ KIRCHHOFFsche Spannungsregel (= Maschensatz) (2.2)

oder

$$\sum_\nu U_\nu(p) = 0,$$

d. h., für jede Masche eines Netzwerkes ist die Summe der Spannungen längs einer Masche gleich Null.
(ν = beteiligte Zweige, u_ν ist positiv, wenn der Zweigstrompfeil bei Spannungsabfällen bzw. wenn der Spannungspfeil bei Urspannungen mit der willkürlich gewählten Bezugsrichtung der Masche übereinstimmt.

Bei kopplungsfreien passiven Abzweigschaltungen[1]) werden

— Immittanzfunktionen elementar durch

|| Aufaddieren von Zweigimmittanzen

und

— Übertragungsfunktionen elementar aus

|| verketteten Strom- und Spannungsteilergleichungen

der Art

$$\begin{aligned} &\dots\dots\dots\dots\dots \\ I_{\nu+1} &= Y_{\nu+2} U_{\nu 2} + I_{\nu+3}, \\ U_\nu &= Z_{\nu+1} I_{\nu+1} + U_{\nu+2}, \end{aligned}$$

[1]) Vorzugsfall der passiven (toleranzunempfindlichen) Filterschaltungen. In Elementarfällen sind bereits die einfachen Spannungs- und/oder Stromteilerregeln bzw. das Rechnen mit Ersatzzweipolen ausreichend und üblich.

$$\begin{aligned} I_{\nu-1} &= Y_\nu U_\nu + I_{\nu+1}, \\ U_{\nu-2} &= Y_{\nu-1} I_{\nu-1} + U_\nu, \\ &\ldots\ldots\ldots\ldots \end{aligned} \tag{2.3}$$

berechnet, wie wir aus Abb. 2.1 allgemein ablesen[1]).

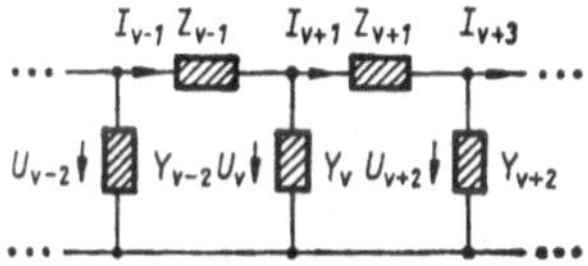

Abb. 2.1. Kettenleiter oder Abzweigschaltung

Beispiel 2.1

Gegeben: Abzweigschaltung wie in Abb. 2.2a skizziert

Gesucht:

1. Z_e und $\frac{U_3}{I_0}$ allgemein als $f(Y_1, Z_2, Y_3)$?

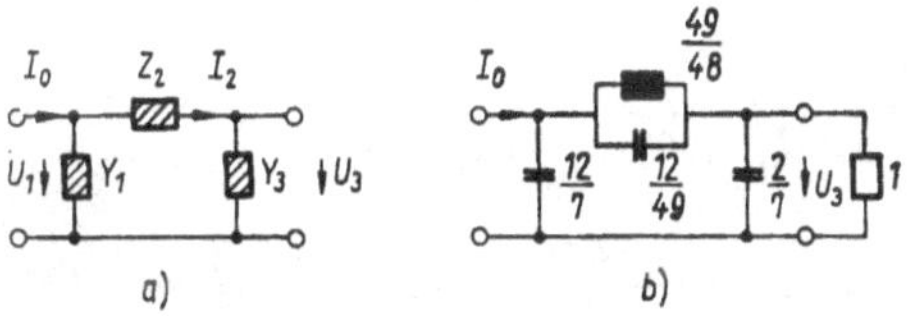

Abb. 2.2. Spezielles Beispiel einer Abzweigschaltung

a) allgemeine Darstellung

b) Darstellung mit speziellen Schaltelementen

2. Ze und $\frac{U_3}{I_0}$ für das in Abb. 2.2b skizzierte spezielle Beispiel?

[1]) Die allgemeine Auswertung von (2.3) führt auf eine spezielle Koeffizientenmatrix, deren Determinante eine *Kontinuante* [H 1] ist. Ihre Berechnung erfolgt mit einer Rekursionsformel. Auf diese Weise können effektiv die Vierpol- und Betriebsparameter berechnet werden.

Lösung:

zu 1. Aus der skizzierten Struktur lesen wir (am anschaulichsten von rechts beginnend, d. h. am rechten unteren Ende des Kettenbruchs) folgende Kettenbruchform ab, die auf den Hauptnenner

$$Z_e = \cfrac{1}{Y_1 + \cfrac{1}{Z_2 + \cfrac{1}{Y_3}}}$$

gebracht, die übliche gebrochen rationale Funktion

$$Z_e = \frac{1 + Z_2 Y_3}{Y_1 + Y_1 Z_2 Y_3 + Y_3}$$

ergibt.
Ebenso lesen wir aus der Struktur Abb. 2.2a ab

$$\begin{aligned} I_2 &= Y_3 U_3, \\ U_1 &= Z_2 I_2 + U_3 = (Z_2 Y_3 + 1)\, U_3, \\ I_0 &= Y_1 U_1 + I_2 = (Y_1 Z_2 Y_3 + Y_1 + Y_3)\, U_3 \end{aligned}$$

$$\text{oder} \quad \frac{U_3}{I_0} = \frac{1}{Y_1 + Y_1 Z_2 Y_3 + Y_3} \tag{2.3a}$$

zu 2. Mit $Y_1 = \frac{12}{7}\, p$, $Z_2 = \frac{49p}{12(p^2 + 4)}$ und $Y_3 = \frac{2}{7}\, p + 1$

erhalten wir eingesetzt in die allgemeinen Terme

$$Z_e = \frac{U_1}{I_0} = \frac{48 + 49p + 26p^2}{48 + 96p + 96p^2 + 48p^3} \quad \text{und}$$

$$\frac{U_3}{I_0} = \frac{1 + \frac{1}{4}\, p^2}{1 + 2p + 2p^2 + p^3}. \tag{2.3b}$$

Vergleichsweise allgemein können Netzwerkfunktionen

mit Hilfe der

- Maschenstromanalyse bzw. mit dem dualen Verfahren der
- Knotenspannungsanalyse berechnet werden.

Gl. (2.1) besagt, daß in einem Netzwerk nur eine bestimmte Maximalzahl m von unabhängigen Strömen vorgegeben werden kann. Für die unabhängigen Zweige, die identisch mit der Anzahl der unabhängigen Maschen m sind, gilt [F 1]

$$m = z - k + s \tag{2.2a}$$

mit

z Gesamtzahl aller Zweige
k Gesamtzahl aller Knoten
s Anzahl der seperaten Teile

und für die Anzahl der unabhängigen Knotenpotentiale

$$n = k - s. \tag{2.1a}$$

Betrachten wir ein Netzwerk, das nur (unabhängige und/oder gesteuerte) Spannungsquellen enthält, so gilt (nach willkürlicher Wahl der Maschenstromrichtungen, s. Abb. 2.3) *Satz 2.1.*

Maschen- und Koppelwiderstände können anschaulich direkt aus der Netzwerkstruktur abgelesen werden, wobei die Koppelwiderstände positiv oder negativ sind, wenn Maschen- und zugehörige Zweigströme gleichsinnig oder gegensinnig verlaufen.

Allgemein läßt sich auf dieser Basis ein simultanes Gleichungssystem (Tafel 2.3, linker Formelsatz) aufschreiben, bei dem zunächst die Maschenströme I_j unbekannt sind. Die Anwendung der *Cramerschen Regel* führt daraus zu den gesuchten Maschenströmen. Die Zurückrechnung auf wirkliche Zweigströme ist problemlos, und damit sind alle nur denkbaren Netzwerkfunktionen als Quotient einer Wirkung in einem beliebigen Zweig zu einer Ursache in einem beliebigen (i. a. anderen) Zweig berechenbar.

Beispiel 2.2

Gegeben: Überbrückte T-Schaltung, wie in Abb. 2.3 skizziert

Gesucht: $Z_1 = \frac{U_1}{I_1}$ und $\frac{U_2}{U_1}$

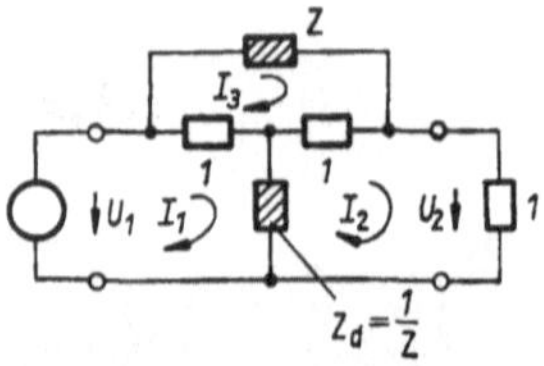

Abb. 2.3. Überbrücktes T-Netzwerk in allgemeiner Form

Lösung: Maschenstromanalyse (Tafel 2.3)
Mit den eingetragenen Bezeichnungen gilt zunächst, wenn wir die Dualitätsbeziehung $Z_d = \frac{1}{Z}$ beachten

$$\Delta = \begin{vmatrix} 1 + Z_d & -Z_d & -1 \\ -Z_d & 2 + Z_d & -1 \\ -1 & -1 & 2 + Z \end{vmatrix} = 2\,\frac{(1 + Z)^2}{Z},$$

$$\Delta_{11} = (2 + Z_d)\,(2 + Z) - 1 = 2\,\frac{(1 + Z)^2}{Z}$$

und

$$\Delta_{12} = \Delta_{21} = Z_d(2 + Z) + 1 = 2\,\frac{Z + 1}{Z}.$$

Daraus folgen $Z_1 = \frac{U^1}{I_1} = \frac{\Delta}{\Delta_{11}} = 1$ (2.4a)

und

$$\frac{U_2}{U_1} = \frac{I_2}{U_1} = \frac{\Delta_{12}}{\Delta} = \frac{1}{1 + Z} \qquad (2.46\,\mathrm{b})$$

Erkenntnis: Bei symmetrischer Beschaltung (d. h. Quelle mit Innenwiderstand 1) sind die Betriebswiderstände der symmetri-

Tafel 2.3. Rechenregeln für die Maschenstrom- u. d. Knotenspannungsanalyse

	Maschenstromanalyse	Knotenspannungsanalyse
Gegeben:	Netzwerk mit	
	$\boxed{m = z - k + s}$ unabhängigen Maschen	$\boxed{n = k - s}$ unabhängigen Knotenpotentialen
	das *nur* Spannungsquellen	das *nur* Stromquellen u. keine Gegeninduktivitäten
	enthält	
Gesucht:	Maschenströme I_j	Knotenpunktpotentiale U_j (zum Bezugsknoten)
Lösung:	Aufstellen u. Auswerten eines simultanen Gleichungssystems	
	$\sum_{j=1}^{m} Z_{ij} I_j = U_i$ für $i = 1, 2, \ldots, m$	$\sum_{j=1}^{m} Y_{ij} U_j = I_j$ für $i = 1, 2, \ldots, n$
	mit der	
	Systemdeterminante	
	$\Delta = \begin{vmatrix} Z_{11} & Z_{12} & Z_{13} & \cdots & Z_{1m} \\ \cdot\cdot & \cdot\cdot & \cdot\cdot & \cdot & \cdot\cdot \\ Z_{21} & Z_{22} & Z_{23} & \cdots & Z_{2m} \\ Z_{m1} & Z_{m2} & Z_{m3} & \cdots & Z_{mm} \end{vmatrix}$	$\Delta = \begin{vmatrix} Y_{11} & Y_{12} & Y_{13} & \cdots & Y_{1n} \\ Y_{21} & Y_{22} & Y_{23} & \cdots & Y_{2n} \\ \cdot\cdot & \cdot\cdot & \cdot\cdot & \cdot & \cdot\cdot \\ Y_{n1} & Y_{n2} & Y_{n3} & \cdots & Y_{nn} \end{vmatrix}$
	der Vorzeichenregel für die Koppel-widerstände	der Vorzeichenregel für die Koppel-leitwerte
	$\pm Z_{ij}$, falls die Maschenströme (im Koppelweig) gleichsinnig / gegensinnig verlaufen	*stets* $-Y_{ij}$ (bei positiven Netzwerkelementen)
	und der Lösung	
	$\boxed{I_j = \frac{\Delta_{1j}}{\Delta} U_1 + \frac{\Delta_{2j}}{\Delta} U_2 + \cdots + \frac{\Delta_{mj}}{\Delta} U_m = \sum_{i=1}^{m} \frac{\Delta_{ij}}{\Delta} U_j}$ für jedes $j = 1, 2, \ldots, m$	$\boxed{U_j = \frac{\Delta_{1j}}{\Delta} I_1 + \frac{\Delta_{2j}}{\Delta} I_2 + \cdots + \frac{\Delta_{nj}}{\Delta} I_n = \sum_{i=1}^{n} \frac{\Delta_{ij}}{\Delta} I_j}$ für jedes $j = 1,2, \ldots, n$

schen überbrückten T-Schaltung konstant, und der Betriebsübertragungsfaktor

$$\frac{2U_2}{U_0} = \frac{U_2}{U_1} = \frac{1}{1+Z} \tag{2.4c}$$

ist nur vom Überbrückungswiderstand Z abhängig.

Betrachten wir ein Netzwerk, das nur (unabhängige und/oder gesteuerte) Stromquellen enthält, so gilt (wenn die Spannung zwischen Knoten und dem Bezugsknoten abnehmend gewählt wird, s. d. Abb. 2.4b) *Satz 2.2.*

Die Knoten- und Koppelleitwerte können anschaulich direkt aus der Netzwerkstruktur abgelesen werden, wobei die Koppelleitwerte bei positiven Netzwerkelementen grundsätzlich negatives Vorzeichen haben.

Allgemein läßt sich auf dieser Basis ein simultanes Gleichungssystem aufstellen (Tafel 2.3, rechter Formelsatz), bei dem zunächst die Knotenpunktpotentiale U_j unbekannt sind. Die Lösung entspricht formal völlig dem Vorgehen bei der zuvor beschriebenen Maschenstromanalyse, wenn $Z_{\mu\nu}$ durch $Y_{\mu\nu}$ ersetzt und Ströme bzw. Spannungen vertauscht werden.

Ergänzungen:

— Prinzipiell ist der kleinere Zahlenwert von (2.1a) oder (2.2a) ein Hinweis auf die angepaßte Berechnungsmethode.

— Die Umrechnung von Strom- und Spannungsquellen und umgekehrt ist zu beachten. (Allgemeiner [B 10], [B 11] können die leistungsfähigen Methoden der Maschenstrom- bzw. der Knotenspannungsanalyse mit ihrer einfachen *Strukturregel* (Sätze 2.1 und 2.2) erweitert werden, daß gleichzeitig beliebige unabhängige Quellentypen zugelassen sind.)

— Das Vorhandensein gesteuerter Quellen (typisch bei aktiven Netzwerken) führt auf Systemdeterminanten (mit einzelnen) $Z_{\mu\nu} \neq Z_{\nu\mu}$ bzw. $Y_{\mu\nu} \neq Y_{\nu\mu}$ und bedeutet nur eine geringfügige Komplikation.

Beispiel 2.3

Gegeben: Allgemeine Kreuzschaltung wie in Abb. 2.4a skizziert

Gesucht: $\dfrac{U_2}{U_0}$ mit Hilfe der Knotenspannungsanalyse

Lösung: Durch Umzeichnen und gleichzeitiges Umwandeln der Spannungsquelle (nach Tafel 1.3) erhalten wir eine ebene Struktur, wie in Abb. 2.4b aufgezeichnet.

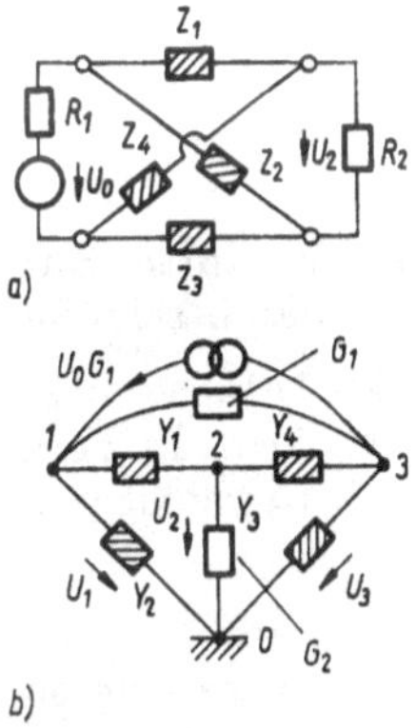

Abb. 2.4. Allgemeine belastete Brücken- oder Kreuzschaltung
a) in einer Form mit kreuzenden Zweigen
b) in einer Form ohne kreuzende Zweige, die für die Knotenspannungsanalyse präpariert ist

Daraus lesen wir bei den gewählten Knotenbezeichnungen bei Beachtung von Tafel 2.3 ab

$$\Delta = \begin{vmatrix} G_1 + Y_1 + Y_2 & -Y_1 & -G_1 \\ -Y_1 & Y_1 + G_2 + Y_4 & -Y_4 \\ -G_1 & -Y_4 & G_1 + Y_3 + Y_4 \end{vmatrix}$$

$$= \begin{cases} G_2[(Y_1 + Y_2)(Y_3 + Y_4) + G_1(Y_1 + Y_2 + Y_3 + Y_4)] \\ + Y_2 Y_3 (Y_1 + Y_4) + Y_1 Y_4 (Y_2 + Y_3) \\ + G_1 (Y_1 + Y_4)(Y_2 + Y_3) \end{cases}$$

$$I_1 = G_1 U_0, \quad I_2 = 0, \quad I_3 = -G_1 U_0$$

Damit gilt $U_2 = \frac{\Delta_{12}}{\Delta} I_1 + \frac{\Delta_{32}}{\Delta} I_3 = \frac{G_1 U_0}{\Delta} (Y_1 Y_3 - Y_2 Y_4)$

oder

$$\frac{U_2}{U_0} = \frac{G_1}{\Delta} (Y_1 Y_3 - Y_2 Y_4), \tag{2.5}$$

d. h., beim „Brückenabgleich" $Y_1 Y_3 = Y_2 Y_4$ wird die Ausgangsspannung Null bzw. der Abschlußwiderstand ist stromlos.

2.3. *Zweipolanalyse*

Vielfach ist es zweckmäßig mit Black-box-Methoden (im engeren Sinne, nach Tafel 0.1) zu rechnen. Der einfachste Fall sind zweipolige Anordnungen oder kurz Zweipole (Beispiel s. Tafel 2.4, rechts oben). Hierfür existiert als Netzwerkfunktion die

|| Zweipolfunktion = Bildfunktion, die das Immittanzverhalten vollständig beschreibt.

Bei den Anwendungen ist zwischen U als Ursache und I als Wirkung oder umgekehrt zu unterscheiden. In Form eines Rück- und Überblicks sind in Tafel 2.4 Zweipolkenngrößen zusammengestellt.

Beispiel 2.4

Elementare äquivalente Zweipole oder übereinstimmende Klemmeneigenschaften

Fall 1: Zweipolweiche (Abb. 2.5a)
Äquivalenz besteht für $Z = R$ bei der Nebenbedingung $R^2 = \frac{L}{C}$

Fall 2: Zweipole bestehend aus drei speziellen Zweigen. Bei den Voraussetzungen, wie in Abb. 2.6b genannt, gelten die aufgeführten Bestimmungsgleichungen, die sich durch Koeffizientenvergleich elementar verifizieren lassen.

Beispiel 2.5

Berechnung einer Übertragungsfunktion mit Hilfe der Zweipoltheorie

Gegeben: Schaltung wie in Abb. 2.5a skizziert
Gesucht: U_2/U_0?

Tafel 2.4. Strom-Spannungsbeschreibung f. Zweipole (Klemmenpaarbetrachtung)

Passiver Zweipol

- eine Kennfunktion, z. B.

|| $Z = \frac{U}{I} = \frac{1}{Y}$ beschreibt ihn vollständig

- aufgenommene Wirkleistung $\geqq 0$
- alle passiven Elemente (z. B. R, L, C, id. Übertrager, id. Gyrator) können im Zweipol enthalten sein.

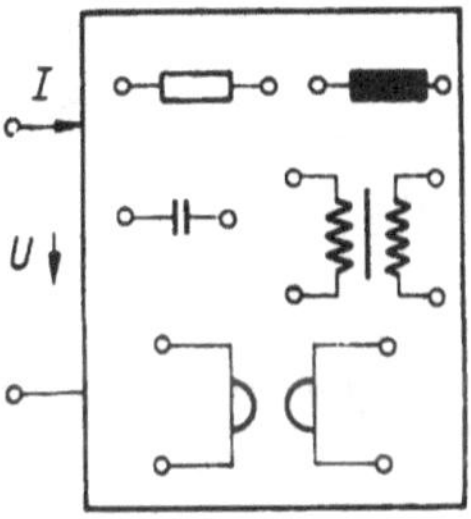

Aktiver Zweipol

- ein Kennfunktionenpaar (z. B. U_0 oder I_0 und R_i) beschreibt ihn vollständig.
- Verknüpfungsgesetz:
  || $U_0 = I_0 \cdot R_i$

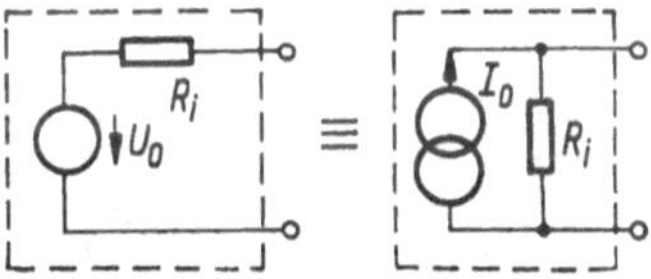

Widerstandsdualer Zweipol (mit dualer Aufbauform)

Dualitätsinvariante R_0: || $Z_{\text{dual}} = \frac{R_0^2}{Z}$ 1)

Frequenzreziproker Zweipol (mit invarianter Aufbauform):

Inversionspotenz ω_0, $\omega \rightarrow \omega^{\text{rez}} = \frac{(j\omega_0)^2}{\omega} = \frac{-\omega_0^2}{\omega}$

Angepaßte Zweipole

- Leistungsanpassung:

|| $R_2 = R_i^*$ mit $P_{2\max} = \frac{|U_0|^2}{4 \operatorname{Re} R}$

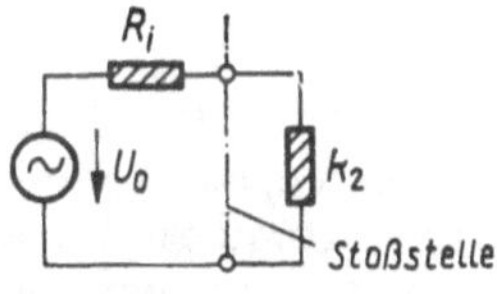

- Widerstandsanpassung:
  || $R_2 = R_i$

Wichtig: Nur bei reellen Ersatzwiderständen ist gleichzeitig Leistungs- und Widerstandsanpassung (Echofreiheit) möglich.

---

1) Vereinfachungen werden bei normierten Größen wirksam; z. B. gilt dann $L_{n\,\text{dual}} = C_n$ und $C_{n\,\text{dual}} = L_n$ bei $R_{0n} = 1$.

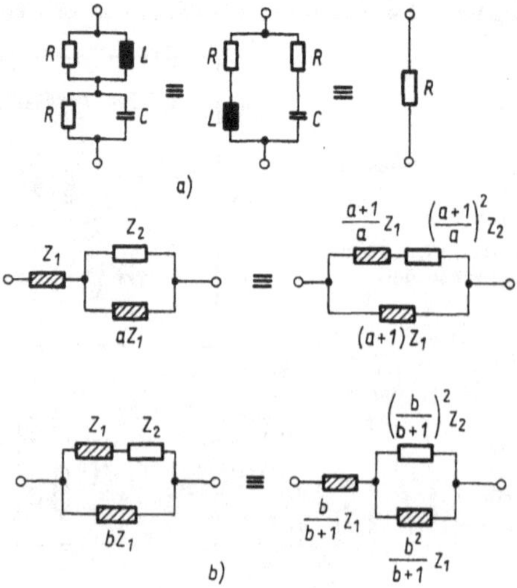

Abb. 2.5. Beispiele für passive Zweipole

a) Zweipolweiche

b) Strukturen und Umrechnungsbeziehungen für äquivalente Zweipole mit jeweils zwei gleichartigen Elementen.

Lösung: Durch das Rechnen mit der Zweipoläquivalenz gemäß Abb. 2.5b erhalten wir durch einfache Spannungsteilung den gesuchten Ausdruck.

$$\frac{U_2}{U_0} = \frac{R_2}{R_1 + R_2 + (L + R_1 R_2 C)\, p + R_1 C L p^2}.$$

Universeller ist der Ansatz, bei dem anstelle des Klemmenpaares mit dem (Ein-)Tor gerechnet wird. Der Hintergrund sind Wellen, die aus Linearkombinationen von Spannungen und Strömen hergeleitet werden. (Die klassischen Betrachtungsweisen der Leitungs- bzw. Wellengrößentheorie sind damit ursprünglich verknüpft, die sich so als universelle Beschreibungshilfen modern repräsentieren.) Zentraler Ausgangspunkt und hauptsächliche Anwendung ist das Zusammenspiel aktiver-

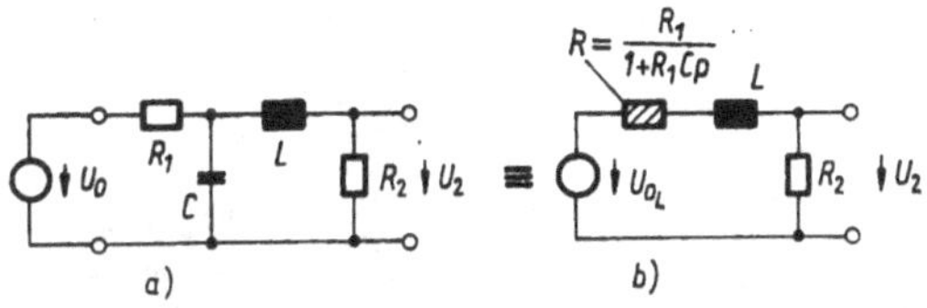

Abb. 2.6. Spezielles Netzwerk mit Spannungserregung

a) Vorgegebene Form

b) Äquivalente Form, entstanden durch Anwendung des Satzes von der Ersatzspannungsquelle

passiver Zweipole (Grundstromkreis, Verhalten einer Stoßstelle). Im Überblick sind dafür die Gesetze in Tafel 2.5 notiert.

Beispiel 2.6

Berechnung der Wirkleistungsaufnahme eines Eintores als f (Wellen) bei reellen R_0

Gegeben: Anordnung wie in Abb. 2.7 skizziert.

Gesucht:

1. allgemeines Gesetz für $P = \text{Re}\, UI^* = f(V_e, V_a, R_0)$?

2. $P = f\left(V_e, S = \dfrac{V_a}{V_e}\right)$?

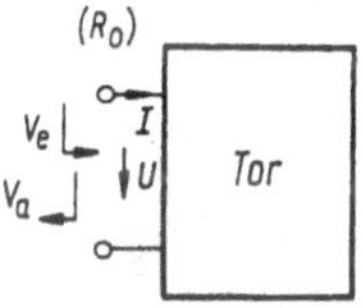

Abb. 2.7. Tordarstellung

Lösung:

zu 1. Mit den Abkürzungen $V_e = E_g + jE_u$ und $V_a = A_g + jA_u$ gilt eingesetzt in die Formelausdrücke nach Tafel 2.5

$$U = (V_e + V_a)\sqrt{R_0} = (E_g + A_g) + j(E_u + A_u)\sqrt{R_0} \quad \text{und}$$

$$I = (V_e - V_a)\frac{1}{\sqrt{R_0}} = (E_g - A_g) + j(E_u - A_u)\frac{1}{\sqrt{R_0}}$$

Tafel 2.5. Wellenbeschreibung für Zweipole (Torbetrachtung)

Kennzeichen bisher:	allgemeiner:
Klemmenpaar, Strom-Spannungs-Beschreibung	(Ein-)Tor, Wellen-Beschreibung

Def.: Komplexe Amplitude einer (Leistungs-)Welle

$$V_\nu = \frac{U_\nu}{\sqrt{R_0}} = I_\nu \sqrt{R_0} \quad (\nu \triangleq \text{Teilgröße})$$

R_0 = Wellenwiderstand einer ∞ kurzen Leitung

Wellen im Grundstromkreis

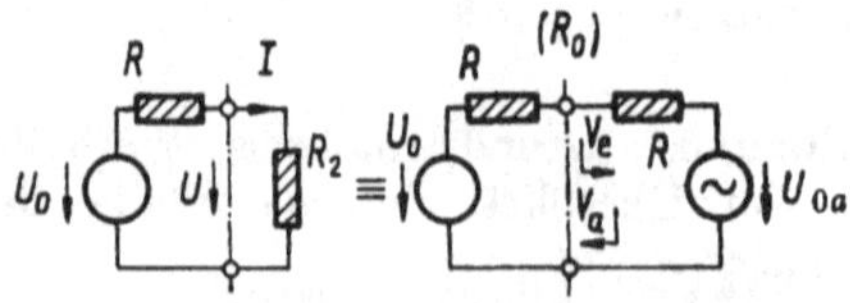

U-I-Ersatzbild Wellen-Ersatzbild

Mit $R_2 \neq R = R_0$ gilt nach Bild[1])

$$V_e = \frac{U_0}{2\sqrt{R}} = \frac{U_e}{\sqrt{R}} = I_e\sqrt{R} \neq f(R_2)\,, \quad V_a = \frac{U_{0a}}{2\sqrt{R}} = \frac{U_a}{\sqrt{R}} = I_a\sqrt{R} \neq f(R_2)$$

und wegen

$$\frac{U_{0a}}{U_0} = \frac{R_2 - R}{R_2 + R} \quad \text{auch}$$

‖ Betriebsreflexionsfaktor (oder Streukoeffizient) $\dfrac{V_a}{V_e} = S = \dfrac{R_2 - R}{R_2 + R}$

‖ Eine Umrechnung $U, I \to V$ ist stets möglich.

Beispiel:

$$U = U_e + U_a = (V_e + V_a)\sqrt{R}, \; I = I_e - I_a = (V_e - V_a)\frac{1}{\sqrt{R}}$$

Für den Quotienten gilt:

$$\frac{U}{I} = R_2 = \frac{V_e + V_a}{V_e - V_a} R$$

---

[1]) V_e (= einlaufende Welle) und V_a (= auslaufende Welle) sind *ortsgebundene* komplexe Amplituden auf Leistungsbasis, die aus Linearkombinationen von zugehörigen bezogenen Spannungen und Strömen hergeleitet sind. Entstanden aus den klassischen Ansätzen der Leistungs- und Wellengrößentheorie haben sie als universelle Beschreibungshilfen aktuelle Bedeutung. [F 1].

oder

$$P = \text{Re}\, UI^* = E_g^2 - A_g^2 + E_u^2 - A_u^2 = |V_e|^2 - |V_a|^2 \tag{2.6a}$$

unabhängig von R_0

zu 2. Wegen $|S|^2 = \frac{|V_a|^2}{|V_e|^2}$ gilt auch

$$P = |V_e|^2(1 - |S|^2). \tag{2.6b}$$

2.4. Vierpolanalyse

Grundlage der Betrachtungen ist eine Anordnung wie in Abb. 2.8 skizziert (Fundamentaleinrichtung zur Leistungs- und/oder Signalübertragung).

(Moderne Auffassung: *Zweitor* = universelles Synonym für *Vierpol*, wenn anstelle der Ströme und Spannungen

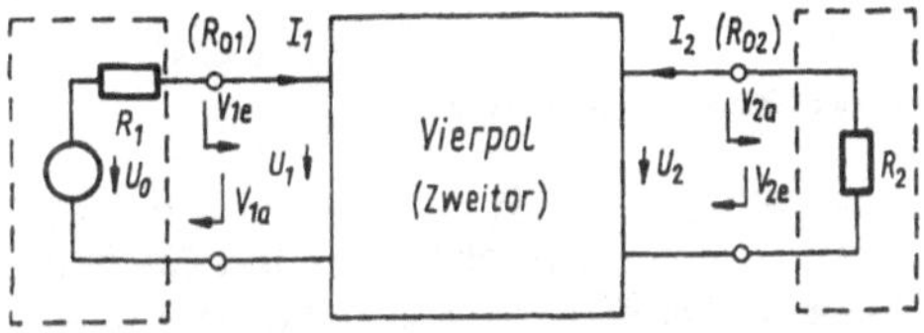

Abb. 2.8. Beschalteter Vierpol (beschaltetes Zweitor)

mit Wellen gerechnet wird. Dann sind die meßbaren Größen Leistungen bzw. Reflexionsfaktoren, und der tatsächliche Sachverhalt bei Höchstfrequenzen wird organisch mit einbezogen.)

Ein Kennfunktionen-Quadrupel im Bildbereich genügt zur vollständigen Beschreibung.

Für die *Strom-Spannungs-Betrachtung* sind sechs Paare von *Vierpolgleichungen* (Tafel 2.6, linker Formelsatz) denkbar.

Auf der Basis angepaßter Beschreibungsformen gelten Berechnungsgesetzte, wie in Tafel 2.7 zusammengestellt.

Tafel 2.6. Vierpol- und Zweitorgleichungen

Strom-Spannungs-Vierpol	Wellen-Zweitor
Gleichungen	
‖ $U_1 = Z_{11}I_1 + Z_{12}I_2$ ‖ $U_2 = Z_{21}I_1 + Z_{22}I_2$	$V_{1a} = P_{11}V_{1e} + P_{12}V_{2a}$ $V_{2e} = O_{21}V_{1e} + P_{22}V_{2a}$
‖ $I_1 = Y_{11}U_1 + Y_{12}U_2$ ‖ $I_2 = Y_{21}U_1 + Y_{22}U_2$	$V_{1e} = P'_{11}V_{1a} + P'_{12}V_{2e}$ $V_{2a} = P_{21}V_{1a} + P_{22}V_{2e}$
$U_1 = H_{11}I_1 + H_{12}U_2$ $I_2 = H_{21}I_1 + H_{22}U_2$	‖ $V_{1a} = S_{11}V_{1e} + S_{12}V_{2e}$ ‖ $V_{2a} = S_{21}V_{1e} + S_{22}V_{2e}$
$I_1 = H'_{11}U_1 + H'_{12}I_2$ $U_2 = H'_{21}U_1 + H'_{22}I_2$	$V_{1e} = S'_{11}V_{1a} + S'_{22}V_{2a}$ $V_{2e} = S'_{21}V_{1a} + S'_{22}V_{2a}$
‖ $U_1 = A_{11}U_2 + A_{12}(-I_2)$ ‖ $I_1 = A_{21}U_2 + A_{22}(-I_2)$	‖ $V_{1a} = B_{11}V_{2e} + B_{12}V_{2a}$ ‖ $V_{1e} = B_{21}V_{2e} + B_{22}V_{2a}$
$U_2 = A'_{11}U_1 + A'_{12}(-I_1)$ $I_2 = A'_{21}U_1 + A'_{22}(-I_1)$	$V_{2e} = B'_{11}V_{1a} + B'_{22}V_{1e}$ $V_{2a} = B_{21}V_{1a} + B'_{22}V_{1e}$

Bemerkung:

‖ = Formen, die in der Netzwerktheorie Bedeutung haben.

Das ist offenbar eine sehr rationelle Art, die verschiedenen Varianten — die alle ihre spezifischen Vor- und Nachteile haben — zu erfassen. Mit diesem Formelapparat lassen sich weitergehend Probleme betr.

— Äquivalente Vierpole (Ersatzschaltungen),
— die Wellenparametertheorie der Reaktanzvierpole (als Grundlage der gesamten Siebschaltungstheorie),
— die allgemeinen Eigenschaften der Reaktanzvierpole,
— die Vierpoltransformationen (z. B. Drehung von Dreipolen zur Beschreibung der möglichen Transistorgrundschaltungen),
— die Verstärkervierpole,
— die Betriebsgrößen der Transistorschaltungstechnik und
— die Übersetzervierpole

vorteilhaft gesetzmäßig formulieren.

Tafel 2.7. **Berechnungen von Vierpol-Immittanz- u. Vierpol-Übertragungsfunktionen mit allgemeinen Parametern**

Reguläre Formen

Definitions-Gleichungen für allgem. VP-Parameter z. B. $L_1 = K_{11}L' + K_{12}L''$ $\qquad L_2 = K_{21}L' + K_{22}L''$

Widerstandsform	Leitwertform	Hybridform	Inverse Hybridform
$U_1 = Z_{11}I_1 + Z_{12}I_2,$	$I_1 = Y_{11}U_1 + Y_{12}U_2,$	$U_1 = H_{11}I_1 + H_{12}U_2,$	$I_1 = H'_{11}U_1 + H'_{12}I_2$
$U_2 = Z_{21}I_1 + Z_{22}I_2,$	$I_2 = Y_{21}U_1 + Y_{22}U_2,$	$I_2 = H_{21}I_1 + H_{22}U_2,$	$U_2 = H'_{21}U_1 + H'_{22}I_2$

Zuordnungen

Z_{11}	Y_{11}	H_{11}	H_{11}	K_{11}	U_2	I_2	I_2	U_2	L_2
Z_{22}	Y_{22}	H_{22}	H'_{22}	K_{22}	R_1	G_1	R_1	G_1	M_1
Z_{12}	Y_{12}	H_{12}	H'_{12}	K_{12}	R_2	G_2	G_2	R_2	M_2
Z_{21}	Y_{21}	H_{21}	H'_{21}	K_{21}	Z_1	Y_1	Z_1	Y_1	N_1
U_0	I_0	U_0	I_0	L_0	Z_2	Y_2	Y_2	Z_2	N_2

Gesetze

$$N_{1,2} = \frac{\Delta K + K_{11,22}M_{2,1}}{K_{22,11} + M_{2,1}}$$

mit $\Delta K = K_{11}K_{22} - K_{12}K_{21}$

$$\frac{L_{2,1}}{L_0} = \frac{K_{21,12}M_{2,1}}{\Delta K_M}$$

mit $\Delta K_M = (K_{11} + M_1)(K_{22} + M_2) - K_{12}K_{21}$

Ausnahmeformen

Kettenform

$$U_1 = A_{11}U_2 + A_{12}(-I_2)$$
$$I_1 = A_{21}U_2 + A_{22}(-I_2)$$

$$Z_{1,2} = \frac{A_{11,22}R_{2,1} + A_{12}}{A_{21}R_{2,1} + A_{22,11}}$$

$$\frac{U_2}{U_0} = \frac{1}{A_{11} + A_{12}\frac{1}{R_2} + A_{21}R_1 + A_{22}\frac{R_1}{R_2}}$$

Inverse Kettenform (mit entsprechenden Gesetzen)

Beispiel 2.7

Berechnung von Betriebsgrößen als f (Vierpolparameter)

Gegeben: Anordnungen wie in Tafel 2.8 skizziert

Gesucht:

1. Betriebswiderstand vorwärts $Z_1 = \frac{U_1}{I_1} = f(Z_{\mu\nu}, R_2)$ bzw. als $f(Y_{\mu\nu}, G_2)$?

2. Stromübertragungsfaktor $T_I = \frac{I_2}{I_1} = f$ ($Z_{\mu\nu}$, Abschlußwiderstand $R_2 = R$)?.

3. Betriebsübertragungsfaktor $T_B = \frac{2U_2}{U_0}\sqrt{\frac{R_1}{R_2}} = f(Z_{\mu\nu}, R_1, R_2)$?

Lösung:

Zu 1. Nach Tafel 2.7 gilt $N_1 = \frac{\Delta K + K_{11}M_2}{K_{22} + M_2}$, woraus wir laut Zuordnungsvorschrift, d. h.

$$K_{\mu\nu} = Z_{\mu\nu}, \quad M_2 = R_2, \quad N_1 = Z_1 \quad \text{bzw.}$$

$$K_{\mu\nu} = Y_{\mu\nu}, \quad M_2 = G_2, \quad N_1 = Y_1 = \frac{1}{Z_1}$$

die in Tafel 2.8, 2. Zeile, 2. Spalte, notierten Resultate erhalten.

Zu 2. Bei einseitig belasteten Vierpolen errechnen wir Übertragungsfunktionen zweckmäßig durch Auswerten der zugehörigen Vierpolgleichungen. Im Beispielfall erhalten wir durch Umstellen der 2. Widerstandsgleichung unter Beachtung von $U_2 = -I_2R$, d. h.

$$U_2 = -I_2R = Z_{21}I_1 + Z_{22}I_2,$$

das gesuchte

$$T_I = \frac{I_2}{I_1} = \frac{-Z_{21}}{Z_{22} + R}.$$

Zu 3. Nach Tafel 2.7 gilt mit $\frac{L_0}{L_0} = \frac{K_{21}M_2}{\Delta K_M}$ und den Zuordnungen

$$K_{\mu\nu} = Z_{\mu\nu}, \quad L_2 = U_2, \quad L_0 = U_0, \quad M_1 = R_1, \quad M_2 = R_2$$

$$\frac{U_2}{U_0} = \frac{Z_{21}R_2}{\Delta Z + Z_{22}R_1 + Z_{11}R_2 + R_1R_2}$$

5*

Tafel 2.8. Wichtige Immittanz- u. Übertragungsfunktionen als Funktion ausgewählter Vierpolparameter

	Betriebswiderstände		Übertragungsfaktoren
einseitig belastet 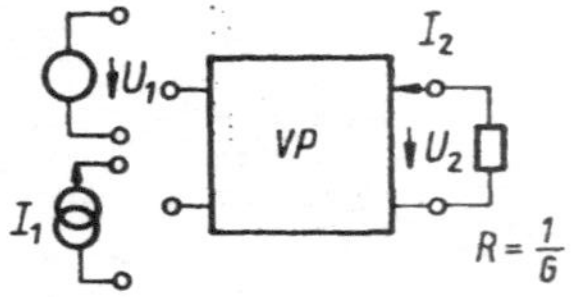	$\frac{U_1}{I_1} = \frac{\Delta Z + Z_{11}R}{Z_{22} + R} = \left(\frac{\Delta Y + Y_{11}G}{Y_{22} + G}\right)^{-1}$	$\frac{U_2}{I_2} = \frac{Z}{Z_{11}} = \frac{1}{Y_{22}}$ (bei $R_1 = 0$); $\frac{U_2}{I_2} = Z_{22} = \frac{Y_{11}}{\Delta Y}$ (bei $R_1 = \infty$)	$\frac{U_2}{U_1} = \frac{Z_{21}R}{\Delta Z + Z_{11}R} = \frac{-Y_{21}}{Y_{22} + G}$; $\frac{I_2}{I_1} = \frac{-Z_{21}}{Z_{22} + R} = \frac{Y_{21}G}{\Delta Y + Y_{11}G}$
zweiseitig belastet 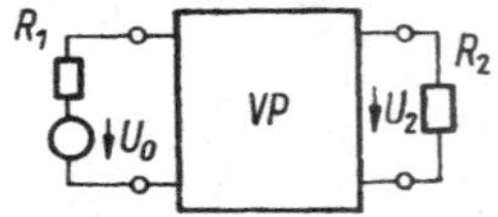	$\frac{U_1}{I_1} = \frac{\Delta Z + Z_{11}R_2}{Z_{22} + R_2} = \left(\frac{\Delta Y + Y_{11}G_2}{Y_{22} + G_2}\right)^{-1}$	$\frac{U_2}{I_2} = \frac{\Delta Z + Z_{22}R_1}{Z_{11} + R_1} = \left(\frac{\Delta Y + Y_{22}G_1}{Y_{11} + G_1}\right)^{-1}$	$\frac{2U_2}{U_0}\sqrt{\frac{R_1}{R_2}} = \frac{2Z_{21}\sqrt{R_2R_1}}{\Delta Z + Z_{22}R_1 + Z_{11}R_2 + R_1R_2} = \frac{-2Y_{21}\sqrt{R_2R_1}}{\Delta Y\, R_1R_2 + Y_{11}R_1 + Y_{22}R_2 + 1}$

Z			Y			A		
Z_{11} Z_{12}	$\frac{Y_{22}}{\Delta Y}$ $\frac{-Y_{12}}{\Delta Y}$	$\frac{A_{11}}{A_{21}}$ $\frac{A}{A_{21}}$	$\frac{Z_{22}}{\Delta Z}$ $\frac{-Z_{12}}{\Delta Z}$	Y_{11} Y_{12}	$\frac{A_{22}}{A_{12}}$ $\frac{-\Delta A}{A_{12}}$	$\frac{Z_{11}}{Z_{21}}$ $\frac{\Delta Z}{Z_{21}}$	$\frac{-Y_{22}}{Y_{21}}$ $\frac{-1}{Y_{21}}$	A_{11} A_{12}
Z_{21} Z_{22}	$\frac{-Y_{21}}{\Delta Y}$ $\frac{Y_{11}}{\Delta Y}$	$\frac{1}{A_{21}}$ $\frac{A_{22}}{A_{21}}$	$\frac{-Z_{21}}{\Delta Z}$ $\frac{Z_{11}}{\Delta Z}$	Y_{21} Y_{22}	$\frac{-1}{A_{12}}$ $\frac{A_{11}}{A_{12}}$	$\frac{1}{Z_{21}}$ $\frac{Z_{22}}{Z_{21}}$	$\frac{-\Delta Y}{Y_{21}}$ $\frac{-Y_{11}}{Y_{21}}$	A_{21} A_{22}
mit $\Delta Z = Z_{11}Z_{22} - Z_{11}Z_{22}$			mit $\Delta Y = Y_{11}Y_{22} - Y_{12}Y_{21}$			mit $\Delta A = A_{11}A_{22} - A_{12}A_{21}$		

bzw. multipliziert mit $2\sqrt{\frac{R_1}{R_2}}$ das in Tafel 2.8, 2. Zeile, 5. Spalte, fixierte Ergebnis.

Erkenntnis: Zwischen den Netzwerkfunktionen und den Vierpolparametern bestehen in Abhängigkeit von der „Betriebsanordnung des Netzwerkes" – das ist die vorgeschriebene „Einbettung des Netzwerkes" zwischen Sender- und Empfängerimmittanzen – eindeutige Beziehungen, die ein wichtiger Ausgangspunkt der Netzwerksynthese sind.

Beispiel 2.8

Kennenlernen der Umrechnungsrelationen

Gegeben: $Y_{\mu\nu}$-Parameter

Gesucht: $Z_{\mu\nu}$- und $A_{\mu\nu}$-Parameter

Lösung: Die Auflösung der Leitwertgleichungen

$$I_1 = Y_{11}U_1 + Y_{12}U_2$$
$$I_2 = Y_{21}U_1 + Y_{22}U_2$$

nach

$$\left.\begin{matrix} U_1 \\ U_2 \end{matrix}\right\} f(I_1, I_2) \quad \text{oder} \quad U_1 = \frac{Y_{22}}{\Delta Y} I_1 + \frac{-Y_{12}}{\Delta Y} I_2$$
$$U_2 = \frac{-Y_{21}}{\Delta Y} I_1 + \frac{Y_{11}}{\Delta Y} I_2$$

mit $\Delta Y = Y_{11}Y_{22} - Y_{12}Y_{21}$

liefert durch den Vergleich mit den Widerstandsgleichungen die gesuchten Beziehungen

$$Z_{11} = \frac{Y_{22}}{\Delta Y}, \quad Z_{12} = \frac{-Y_{12}}{\Delta Y},$$
$$Z_{21} = -\frac{Y_{21}}{\Delta Y}, \quad Z_{22} = \frac{Y_{11}}{\Delta Y}.$$

Entsprechend erhalten wir aus der Umstellung der 2. Leitwertgleichung

$$U_1 = \frac{-Y_{22}}{Y_{12}} U_2 - \frac{-1}{Y_{21}} I_2.$$

Dieser Ausdruck, eingesetzt in die 1. Leitwertgleichung, führt zu

$$I_1 = Y_{11}\left(\frac{-Y_{22}}{Y_{21}}U_2 - \frac{-1}{Y_{21}}I_2\right) + Y_{12}U_2 = \left(\frac{-\Delta Y}{Y_{21}}\right)U_2 - \frac{Y_{11}}{Y_{21}}I_2.$$

Durch Vergleich mit den Kettengleichungen $\left.\begin{matrix} U_1 \\ I_1 \end{matrix}\right\} = f(U_2, -I_2)$ finden wir

$$A_{11} = \frac{-Y_{22}}{Y_{21}}, \quad A_{12} = \frac{-1}{Y_{21}},$$

$$A_{21} = \frac{-\Delta Y}{Y_{21}}, \quad A_{22} = \frac{-Y_{11}}{Y_{21}}.$$

Erkenntnis: Durch elementaren Koeffizientenvergleich von geeignet umgestellten Vierpolgleichungen gewinnen wir allgemeine Umrechnungsbeziehungen zwischen den verschiedenen Vierpolparametern. In Tafel 2.8 sind die Zusammenhänge zwischen $Z_{\mu\nu}$, $Y_{\mu\nu}$ und $A_{\mu\nu}$ für den praktischen Gebrauch tabelliert.

Ergänzung:

Falls wir bei der *Knotenspannungsanalyse* nur zwei – vorerst unbestimmte – Einströmungen I_1 und I_2 (also $I_i = 0$ für $i > 2$) annehmen, sind die Bestimmungsgleichungen nach Tafel 2.3, rechts,

$$U_1 = \frac{\Delta_{11}}{\Delta} I_1 + \frac{\Delta_{21}}{\Delta} I_2 \tag{2.7a}$$

$$U_2 = \frac{\Delta_{12}}{\Delta} I_1 + \frac{\Delta_{22}}{\Delta} I_2$$

identisch mit den Widerstandsgleichungen der Vierpolanalyse. Entsprechend gilt bei der *Maschenstromanalyse* mit nur zwei – vorerst unbestimmten – (idealen) Spannungsquellen U_1 und U_2 (also $U_i = 0$ für $i = 2$), daß die Bestimmungsgleichungen nach Tafel 2.3, links,

$$I_1 = \frac{\Delta_{11}}{\Delta} U_1 + \frac{\Delta_{21}}{\Delta} U_2, \tag{2.7b}$$

$$I_2 = \frac{\Delta_{12}}{\Delta} U_1 + \frac{\Delta_{22}}{\Delta} U_2$$

mit den Leitwertgleichungen übereinstimmen.

Beispiel 2.9

Praktische Berechnung von Vierpolparametern

Gegeben: Doppel-T-Schaltung wie in Abb. 2.9a skizziert

Gesucht:

1. Leitwertparameter $Y_{\mu\nu}$ allgemein als $f(R, C, \alpha, \beta)$?
2. $Y_{\mu\nu}$ für $R = C = 1$, $\alpha = \frac{1}{2}$, $\beta = 2$.

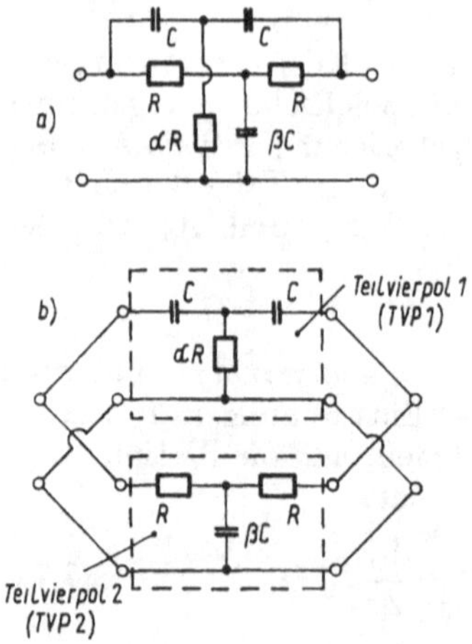

Abb. 2.9. Doppel-T-Schaltung
a) Vorgegebene Form
b) Als Parallelschaltung zweier Teilvierpole

Lösung:

Zu 1. Offenbar liegt eine Parallelschaltung zweier Teilvierpole, wie in Abb. 2.9b gezeichnet, vor. Daraus lesen wir ab

$$\text{TVP 1:}\ {}^{(1)}Z_{11} = \frac{1 + p\alpha RC}{pC} = {}^{(2)}Z_{22},$$

$$^{(1)}Z_{12} = \alpha R = {}^{(2)}Z_{21}.$$

$$\text{TVP 2:}\ {}^{(2)}Z_{11} = \frac{1 + p\beta RC}{p\beta C} = {}^{(2)}Z_{22},$$

$$^{(2)}Z_{12} = \frac{1}{p\beta C} = {}^{(2)}Z_{21}.$$

Nach Tafel 2.8 gilt für die Umrechnung

$$\text{TVP 1: } {}^{(1)}Y_{11} = \frac{{}^{(1)}Z_{22}}{{}^{(1)}\Delta Z} = \frac{pC(1 + p\alpha RC)}{1 + p2\alpha RC} = {}^{(1)}Y_{22},$$

$${}^{(1)}Y_{12} = \frac{-{}^{(1)}Z_{12}}{{}^{(1)}\Delta Z} = \frac{-p^2\alpha RC^2}{1 + p2\alpha RC} = {}^{(1)}Y_{21}.$$

$$\text{TVP 2: } {}^{(2)}Y_{11} = \frac{{}^{(2)}Z_{22}}{{}^{(2)}\Delta Z} = \frac{1 + p\beta RC}{(2 + p\beta RC)\ R} = {}^{(2)}Y_{22},$$

$${}^{(2)}Y_{12} = \frac{-{}^{(2)}Z_{12}}{{}^{(2)}\Delta Z} = \frac{-1}{(2 + p\beta RC)R} = {}^{(2)}Y_{21}.$$

Die Leitwertparameter des Gesamtvierpols folgen aus

$$Y_{11} = {}^{(1)}Y_{11} + {}^{(2)}Y_{11} = \frac{pC(1 + p\alpha RC)}{1 + p2\alpha RC} + \frac{1 + p\beta RC}{(2 + p\beta RC)R} = Y_{22},$$

$$Y_{12} = {}^{(1)}Y_{12} + {}^{(2)}Y_{12} = \frac{-p^2\alpha RC^2}{1 + p2\alpha RC} + \frac{-1}{(2 + p\beta RC)R} = Y_{21}.$$

Zu 2. Für die Zahlenwerte gilt

$$Y_{11} = Y_{22} = \frac{p^2 + 4p + 1}{2(1 + p)}, \quad -Y_{12} = -Y_{21} = \frac{p^2 + 1}{2(1 + p)}.$$

Völlig analog existieren für die *Wellenbeschreibung* sechs Paare von *Zweitorgleichungen* (Tafel 2.6, rechter Formelsatz). Der Vergleich zeigt, daß weitgehend bekannte Gesetze und Verknüpfungsregeln übernommen werden können, wenn wir die Zuordnungen

$$\| \quad U_1 \leftrightarrow V_{1a}, \quad I_1 \leftrightarrow V_{1e}, \quad U_2 \leftrightarrow V_{2e}, \quad I_2 \leftrightarrow \pm V_{2a} \tag{2.8}$$

verwenden.[1])

Wegen der praktischen Bedeutung und einer immer möglichen formalen Umrechnung sei detaillierter auf das

[1]) Vereinbarung: + für die regulären Vierpolgleichungen
− für die Kettengleichungen
(Diese Festlegung ist willkürlich, aber sehr praktisch)

Zusammenspiel

$$\left.\begin{array}{l}\text{Ströme}\\ \text{Spannungen}\end{array}\right\} \leftrightarrow \text{Wellen}$$

eingegangen.

Aufbauend auf den Festlegungen in Tafel 2.5 lesen wir aus dem Grundmodell, dargestellt in Abb. 2.8, ab

$$U_1 = (V_{1e} + V_{1a})\sqrt{R_{01}}, \quad U_2 = (V_{2e} + V_{2a})\sqrt{R_{02}}, \tag{2.9}$$

$$I_1 = (V_{1e} - V_{1a})\frac{1}{\sqrt{R_{01}}}, \quad I_2 = (V_{2e} - V_{2a})\frac{1}{\sqrt{R_{02}}}.$$

Umgestellt wird daraus

$$u_1 = \frac{U_1}{\sqrt{R_{01}}} = V_{1e} + V_{1a}, \quad u_2 = \frac{U_2}{\sqrt{R_{02}}} = V_{2e} + V_{2a},$$

$$i_1 = I_1\sqrt{R_{01}} = V_{1e} - V_{1a}, \quad i_2 = I_2\sqrt{R_{02}} = V_{2e} - V_{2a} \tag{2.10}$$

oder

$$V_{1e} = \frac{1}{2}(u_1 + i_1), \quad V_{2e} = \frac{1}{2}(u_2 + i_2), \tag{2.11}$$

$$V_{1a} = \frac{1}{2}(u_1 - i_1), \quad V_{2a} = \frac{1}{2}(u_2 - i_2)$$

mit der Feststellung

Ein- und auslaufende Wellen ($V_{\nu e}$, $V_{\nu a}$) sind *Linearkombinationen* der zugehörigen bezogenen Spannungen und Ströme (u_ν, i_ν) und umgekehrt.

Da i_ν – abgesehen von einer Bezugsgröße – direkt mit dem Strom I_ν und u_ν – abgesehen von einer Bezugsgröße – direkt mit der Spannung U_ν verknüpft ist, können *formal* alle Strom-Spannungs-Vierpolgleichungen bzw. -Matrizen durch eine *normierte Schreibweise* mit i_ν- und u_ν-Veränderlichen ($\nu = 1{,}2$) und durch bezogene

Vierpolparameter ausgedrückt werden. Das ist der Grundgedanke aller Umrechnungsbeziehungen (die rechnerisch stets möglich sind) zwischen Vierpol- und Zweitor-Parametern.

Beispiel 2.10

Gegeben: Kettenmatrix, d. h., $\left.\begin{matrix} U_1 \\ I_1 \end{matrix}\right\} = f(U_2, I_2)$

Gesucht: Betriebskettenform $\left.\begin{matrix} V_{1a} \\ V_{1e} \end{matrix}\right\} = f(V_{2e}, V_{2a})$ ausgedrückt durch die $A_{\mu\nu}$-Parameter

Lösung: Durch Erweiterung erhalten wir aus

$$U_1 = A_{11}U_2 + A_{12}(-I_2),$$
$$I_1 = A_{21}U_2 + A_{22}(-I_2)$$

$$\frac{U_1}{\sqrt{R_{01}}} = A_{11}\sqrt{\frac{R_{02}}{R_{01}}}\,\frac{U_2}{\sqrt{R_{02}}} + A_{12}\,\frac{1}{\sqrt{R_{01}R_{02}}}\left(-I_2\sqrt{R_{02}}\right),$$

$$I_1\sqrt{R_{01}} = A_{21}\sqrt{R_{01}R_{02}}\,\frac{U_2}{\sqrt{R_{02}}} + A_{22}\sqrt{\frac{R_{01}}{R_{02}}}\left(-I_2\sqrt{R_{02}}\right)$$

oder übersichtlicher

$$u_1 = a_{11}u_2 + a_{12}(-i_2),$$
$$i_1 = a_{21}u_2 + a_{22}(-i_2). \tag{2.12}$$

(Diese Zwischenform kann praktisch sofort hingeschrieben werden, wenn wie folgt substituiert wird: $U_\nu \to u_\nu$, $I_\nu \to i_\nu$ und $A_{\mu\nu} \to a_{\mu\nu}$).

Durch den gesetzmäßigen Übergang zu Leistungswellen nach (2.11) und Auflösen nach der gesuchten Darstellungsform erhalten wir

$$V_{1a} = \frac{1}{2}(a_{11} - a_{12} - a_{21} + a_{22})\,V_{2e} + \frac{1}{2}(a_{11} + a_{12} - a_{21} - a_{22})\,V_{2a}, \tag{2.13}$$

$$V_{1e} = \frac{1}{2}(a_{11} - a_{12} + a_{21} - a_{22})\,V_{2e} + \frac{1}{2}(a_{11} + a_{12} + a_{21} + a_{22})\,V_{2a}.$$

Nicht minder interessant sind die zugehörigen physikalisch-technischen Merkmale.

Die gewählten formalen[1]) Definitionen für eine Anordnung nach Abb. 2.8

$$V_{\nu e} = \frac{U_\nu + R_{0\nu} I_\nu}{2\sqrt{R_{0\nu}}} \quad \text{und} \quad V_{\nu a} = \frac{U_\nu - R_{0\nu} I_\nu}{2\sqrt{R_{0\nu}}} \tag{2.14a}$$

sind in Anlehnung an Betriebsgrößen entstanden mit den Besonderheiten

— Anpassungswechselleistung bei $R_{0\nu} = R_\nu$:

$$V_\nu^2 = V_{\nu e}^2 = \frac{U_0^2}{4R_{0\nu}}. \tag{2.14b}$$

— In das Tor ν eintretende Wechselleistung: $V_{\nu e}^2 - V_{\nu a}^2$. (2.14c)

Herausragende praktische Bedeutung hat der Sonderfall des *reellen* Torwiderstandes $R_{0\nu}$ mit den Besonderheiten

— Für die Anpassungs*wirk*leistung (= von der Quelle maximal abgebbare — also verfügbare — Leistung) bei $R_{0\nu}$ = Quelleninnenwiderstand R_ν gilt

$$|V_{\nu e}|^2 = \frac{|U_0|^2}{4R_\nu} \quad (\text{und } V_{\nu a} = 0). \tag{2.15}$$

— Die in das Tor ν eintretende *Wirk*leistung

$$P_\nu = \operatorname{Re} U_\nu I_\nu^* = |V_{\nu e}|^2 - |V_{\nu a}|^2 \tag{2.16}$$

ist unabhängig von dem gewählten Torwiderstand $R_{0\nu}$ oder in Worten,

> die vom Tor ν aufgenommene Wirkleistung ist die Differenz zwischen der dem Tor zufließenden verfügbaren Leistung $|V_{\nu e}|^2$ und der am Tor durch Reflexion zurückfließenden Leistung $|V_{\nu a}|^2$.

[1]) Formelmäßig gilt auch stets die geometrische Mittelbildung
$V_{\nu e} = \sqrt{U_{\nu e} I_{\nu e}}$ bzw. $V_{\nu a} = \sqrt{U_{\nu a} I_{\nu a}}$

Vielfach wird dieser Sachverhalt als typisch betrachtet, weil er meßtechnischen Gegebenheiten entspricht. (Eine zwangsweise Folgerung ist dann die Beschränkung auf reelle $R_{0\nu}$).

— Bei passivem Torabschluß mit $R_{0\nu} = R_\nu$ wird $V_{\nu e} = 0$ (Anpassungsfall)

Ergänzungen:

— Eine Abart, die ebenfalls auf $P_\nu = |V_{\nu e}|^2 - |V_{\nu a}|^2$ führt, ist der Bezug auf maximale Wirkleistung bei komplexen $R_{0\nu}$. Für die Anpassungswirkleistung gilt dann

$$\text{bei } R_{0\nu} = R_\nu\colon \frac{|U_0|^2}{4 \operatorname{Re} R_{0\nu}}, \tag{2.17a}$$

und es sind *modifizierte* Definitionen für die Leistungswellen

$$V'_{\nu e} = \frac{U_\nu + R_{0\nu} I_\nu}{2\sqrt{\operatorname{Re} R_{0\nu}}} \quad \text{und} \quad V'_{\nu a} = \frac{U - R^*_{0\nu} I_\nu}{2\sqrt{\operatorname{Re} R_{0\nu}}} \tag{2.17b}$$

zu wählen.

Beispiel 2.11

Vertrautwerden mit den Streukoeffizienten

Gegeben: Betriebsanordnung wie in Abb. 2.8. skizziert

Gesucht:

1. Bedeutung der Streukoeffizienten $S_{\mu\nu}$?

2. Bedeutung der Betragsquadrate $|S_{\mu\nu}|^2$ bei $R_\mu = R_{\mu 0}$ reell und ihr Zusammenspiel bei verlustlosen Netzwerken?

Lösung:

Zu 1. Aus den Definitionsgleichungen

$$V_{1a} = S_{11} V_{1e} + S_{12} V_{2e},$$
$$V_{2a} = S_{21} V_{1e} + S_{22} V_{2e}$$

lesen wir unter Beachtung von (2.11) ab

$$S_{11} = \left.\frac{V_{1a}}{V_{1e}}\right|_{V_{2e}=0} = \left.\frac{\frac{1}{2}(u_1 - i_1)}{\frac{1}{2}(u_1 + i_1)}\right|_{u_2=-i_2} = \left.\frac{Z_1 - R_1}{Z_1 + R_1}\right|_{R_1=R_{01}} \tag{2.18a}$$

= Betriebsreflexionsfaktor vorwärts,

$$S_{12} = \left.\frac{V_{1a}}{V_{2e}}\right|_{V_{1e}=0} = \left.\frac{\frac{1}{2}(u_1 - i_1)}{\frac{1}{2}(u_2 - i_2)}\right|_{u_1=-i_1}$$

Wegen (2.15) gilt für die einlaufende Welle im *Rückwärtsbetrieb* $V_{2e} = \frac{U_0}{2\sqrt{R_2}}$ bei $R_2 = R_{02}$, und mit $\frac{1}{2}(u_1 - i_1) = u_1 = \frac{U_1}{R_1}$ bei $R_1 = R_{01}$ erhalten wir

$S_{12} = \left.\frac{2U_1}{U_0}\sqrt{\frac{R_1}{R_2}}\right|_{\substack{R_1=R_{01}\\R_2=R_{02}}}$ = Betriebsübertragungsfaktor rückwärts (s. dazu auch Tafel 2.1) (2.18b)

$$S_{21} = \left.\frac{V_{2a}}{V_{1e}}\right|_{V_{1e}=0} = \left.\frac{\frac{1}{2}(u_2 - i_2)}{\frac{1}{2}(u_1 - i_1)}\right|_{u_2=-i_2}$$

Wegen (2.15) gilt $V_{1e} = \frac{U_0}{2\sqrt{R_1}}$ bei $R_1 = R_{01}$, und mit

$$\left.\frac{1}{2}(u_2 - i_2)\right|_{u_2=-i_2} = u_2 = \frac{U_2}{R_2} \text{ bei } R_2 = R_{02}$$

finden wir

$S_{21} = \left.\frac{2U_2}{U_0}\sqrt{\frac{R_1}{R_2}}\right|_{\substack{R_1=R_{01}\\R_2=R_{02}}}$ = Betriebsübertragungsfaktor vorwärts (2.18c)

$$S_{22} = \left.\frac{V_{2a}}{V_{2e}}\right|_{V_{1e}=0} = \left.\frac{\frac{1}{2}(u_2 - i_2)}{\frac{1}{2}(u_2 + i_2)}\right|_{u_1=-i_1} = \left.\frac{Z_2 - R_2}{Z_2 + R_2}\right|_{R_1=R_{01}}$$

$= \text{Betriebsreflexionsfaktor rückwärts}$ (2.18d)

Zu 2. Unter Berücksichtigung von $|S_{\mu\nu}|^2 = S_{\mu\nu} \cdot S^*_{\mu\nu}$ im *stationären Fall* gilt mit dem Resultat von Beispiel 2.6.

$$|S_{\mu\mu}|^2 = \left|\frac{V_{\mu a}}{V_{\mu e}}\right|^2 = \frac{P_{\mu\max} - P}{P_{\mu\max}} \text{ für } \mu = 1{,}2 \tag{2.19a}$$

und

$$|S_{\nu\mu}|^2 = \frac{2|U_\nu|^2}{|U_0|^2}\,\frac{R_\mu}{R_\nu} = \frac{P_\nu}{P_{\mu\max}}, \tag{2.19b}$$

wobei

$P_{\mu\max}$ = die am Tor μ maximal abgebbare „Sende"-Leistung,
P_μ = die ins Tor μ eintretende Wirkleistung und
$P_{\mu\max} - P_\mu$ = die vom Tor μ reflektierte Wirkleistung

bedeuten.

Bei *verlustlosen Netzwerken* gilt zusätzlich $P_\mu = P_\nu$, und die vorgenannten Gleichungen können zusammengefaßt werden zu

$$|S_{\mu\mu}|^2 = 1 - \frac{P_\mu}{P_{\mu\max}} = 1 - \frac{P_\nu}{P_{\mu\max}} = 1 - |S_{\nu\mu}|^2 \quad \text{bzw.}$$

$$|S_{\mu\mu}|^2 + |S_{\nu\mu}|^2 = 1 \tag{2.20}$$

oder, ausführlich geschrieben,

$$|S_{11}|^2 + |S_{21}|^2 = 1,$$
$$|S_{12}|^2 + |S_{22}|^2 = 1.$$

Im *übertragungssymmetrischen* Fall (d. h. $S_{12} = S_{21}$) gilt insbesondere $|S_{11}| = |S_{22}| \leqq 1$ und $|S_{21}| \leqq 1$

Ergänzungen:

Da die $S_{\mu\nu}$ mit Leistungsbegriffen verknüpft sind, existieren diese Parameter bei tatsächlichen Schaltungen stets, und sie haben als stationäre Meßgrößen praktische Vorzugsbedeutung. Insbesondere kann bei *Filterschaltungen mit* $R_1 = R_2 = R$, ausgehend von

$$(|S_{21}(j\omega)|^2)|_{j\omega=p} = 1 - S_{11}(p)\, S_{11}(-p)$$

und

$$S_{11}(p) = \frac{Z_1(p) - R}{Z_1(p) + R}, \quad Z_1(p) = R\,\frac{1 + S_{11}(p)}{1 - S_{11}(p)} \tag{2.21}$$

allgemein errechnet werden.

Beispiel 2.12

Eigenschaften von Reaktanzvierpolen

Gegeben: Betriebsanordnung wie in Abb. 2.8 skizziert

Gesucht:

1. $\dfrac{1}{S_{\mu\nu}} = \dfrac{1}{T_B}$ als $f(a_{\mu\nu})$?

2. $D(p)$, wenn definiert wird

$$T_B(p)T_B(-p) = \frac{1}{1 + D(p)\,D(-p)}?$$

3. $S_{\mu\mu}(p)$ als $f(a_{\mu\nu})$ bzw. $f(D(p), T_B(p))$

4. $B_{\mu\nu}(p)$ als $f(T_B(p), D(p))$

5. Bestimmungsgleichung für $G(p)\,G(-p)$, die aus $\Delta B = 1$ folgt, wenn die Netzwerkfunktionen

$$T_B(p) = \frac{KF(p)}{G(p)} \quad \text{und} \quad D(p) = \frac{H(p)}{KF(p)}$$

als Quotient zweier Polynome in p vorliegen? (F, G, H seien Polynome, deren höchste Potenz den Koeffizient eins hat.)

Lösung:

Zu 1. Aus Tafel 2.7 lesen wir ab

$$\frac{1}{S_{21}} = \frac{1}{S_{12}} = \frac{1}{T_B} = \frac{1}{2}\,(a_{11} + a_{12} + a_{21} + a_{22}) \tag{2.22}$$

$= \text{Funktion aller (bezogenen) Kettenmatrixelemente}$

Zu 2. Da beim Reaktanzvierpol mit endlich vielen Elementen grundsätzlich

$$\left.\begin{array}{l} a_{11} \text{ und } a_{22} \text{ gerade} \\ \text{und} \\ a_{12} \text{ und } a_{21} \text{ ungerade} \end{array}\right\} \text{Frequenzfunktionen in } p$$

sind, gilt

$$D(p)\, D(-p) = \frac{1}{4}\, (a_{11} - a_{22})^2 - (a_{12} - a_{21})^2$$

mit der Zerlegung

$$(\pm)\, D(p) = \frac{1}{2}\, (a_{11} + a_{12} - a_{21} - a_{22}) \tag{2.23}$$

= Funktion aller (bezogenen) Kettenmatrixelemente.

Zu 3. Am Vierpoleingang gilt unter Beachtung von (2.13)

$$S_{11} = \left.\frac{V_{1a}}{V_{1e}}\right|_{V_{2e}=0} = \frac{a_{11} + a_{12} + a_{21} - a_{22}}{a_{11} + a_{12} + a_{21} + a_{22}} = D(p)\, T_B(p) \tag{2.24}$$

= Funktion aller (bezogenen) Kettenmatrixelemente.

Am Vierpolausgang gilt entsprechend

$$S_{22} = \left.\frac{V_{2a}}{V_{2e}}\right|_{V_{1e}=0} = \frac{a_{22} + a_{12} - a_{21} - a_{11}}{a_{11} + a_{12} + a_{21} + a_{22}} = -D(p)\, T_B(p) \tag{2.25}$$

= Funktion aller (bezogenen) Kettenmatrixelemente.

Zwischenbilanz von 1. bis 3.:

Alle Betriebsgrößen, d. h. $S_{\mu\nu}$ und D, sind in relativ kompliziertér Weise mit den (bezogenen) Kettenmatrixelementen verknüpft.

Zu 4. Mit Beachtung von (2.13) erkennen wir die Verknüpfungen

$$B_{11}(p) = \frac{1}{T_B(-p)}, \quad B_{12}(p) = D(p),$$

$$B_{21}(p) = D(-p), \quad B_{22}(p) = \frac{1}{T_B(p)}, \tag{2.26}$$

oder in Worten:

Die Elemente der Betriebskettenmatrix sind unmittelbar wichtige Betriebsgrößen.

Zu 5. Aus $\Delta B = 1$ – gültig für übertragungssymmetrische Vierpole — folgt

$$G(p)\,G(-p) = H(p)\,H(-p) + K^2F(p)\,F(-p)\,. \qquad (2.27)$$

Eine wichtige Gleichung für die Filtersynthese, weil damit aus dem für Approximationszwecke gut geeigneten

$D|_{j\omega=p} = \dfrac{H(p)}{KF(p)}$ das zur Realisierung notwendige $T_B(p) = \dfrac{KF(p)}{G(p)}$ berechnet werden kann.

2.5. *Darstellung durch Pole und Nullstellen*

Jedes Analognetzwerk kann entweder durch seine — technisch leicht meßbaren — Netzwerk-Charakteristiken (im Zeit- oder Frequenzbereich) oder seine — als Rechenhilfe gedachten, — Netzwerkfunktionen bzw. -Parameter (im Frequenzbereich) beschrieben werden. Statt mit Differentialgleichungen im Zeitbereich wird vorzugsweise mit komplexen Funktionen im Bildbereich gerechnet. Eine zentrale Stellung haben damit Methoden der Funktionentheorie, wobei die *Pol-Nullstellen-Darstellung* der Denkweise des Ingenieurs besonders angepaßt ist, weil dadurch sowohl zu den Charakteristiken als auch zu den Netzwerkfunktionen und selbst zu den Netzwerken Beziehungen hergestellt werden können, wie es das folgende Schema verdeutlicht.

Netzwerk-Charakteristiken ⟷ Netzwerkfunktionen ⟷ Netzwerke

↑ ↑ ↑

können wirkungsvoll gekennzeichnet werden durch die

↓

→ *Pol-Nullstellen-Darstellung* ←

Bezugnehmend auf die Resultate in Tafel 2.2. gilt für die *Polynomdarstellung von Netzwerkfunktionen*

$$N(p) = \frac{\sum_{\mu=0}^{m} a_\mu p^\mu}{\sum_{v=0}^{n} b_v p^v} = \frac{a_0 + a_1 p + \cdots + a_{m-1} p^{m-1} + a_m p^m}{b_0 + b_1 p + \cdots + b_{n-1} p^{n-1} + b_n p^n}, \tag{2.28}$$

wobei a_μ, b_v = reelle Konstanten, m und n natürliche Zahlen sind.

Gleichwertig mit (2.28) ist die

Linearfaktordarstellung von Netzwerkfunktionen

$$N(p) = K \frac{\prod_{\mu=1}^{m} (p - p_{0\mu})}{\prod_{\nu=1}^{n} (p - p_{x\nu})}$$

$$= \frac{a_m}{b_n} \cdot \frac{(p - p_{01})(p - p_{02}) \cdots (p - p_{0m})}{(p - p_{x1})(p - p_{x2}) \cdots (p - p_{xn})} \tag{2.29}$$

mit m Nullstellen und n Polen[1]). Oft wird $K = \frac{a_m}{b_n}$ als Vorfaktor bezeichnet, da er keine wesentliche Größe verkörpert. Wir nennen $p_{0\mu}$ die *Nullstellen* (N) und $p_{x\nu}$

[1]) Eine weitere nützliche Variante ist die Darstellung von $N(p)$ durch *Nullstellen-* und *Polfaktoren* erster *und* zweiter Ordnung, d. h. durch Auswerten von

$$N(p) = K \frac{\prod_{\mu=1}^{\varrho} (p + \sigma_\mu) \prod_{\mu=1}^{s} \left(p^2 + \frac{p}{Q_\mu} \omega_{0\mu} + \omega_{0\mu}^2\right)}{\prod_{\nu=1}^{r} (p + \sigma_\nu) \prod_{\nu=1}^{t} \left(p^2 + \frac{p}{Q_\nu} \omega_{0\nu} + \omega_{0\nu}^2\right)} \tag{2.29a}$$

mit $\sigma_\mu, \omega_{0\mu}$ = Nullstellenfrequenzen (N-Knickfrequenzen)
Q_μ = Nullstellengüte
$\sigma_\nu, \omega_{0\nu}$ = Polfrequenzen (P-Knickfrequenzen)
Q_ν = Polgüte

Tafel 2.9. Zur Erläuterung der grafischen Methoden für Frequenzgangberechnungen bei bekanntem PN-Plan

$$N(p) = \frac{1}{4} \frac{(p - j2)(p + j2)}{(p + 1)\left(p + \frac{1}{2} - j\frac{1}{2}\sqrt{3}\right)\left(p + \frac{1}{2} + j\frac{1}{2}\sqrt{3}\right)}$$

Z. B. für $\omega = 1$ lesen wir ab

$$|N(j1)| = \frac{1}{4} \frac{1 \cdot 3}{\sqrt{2} \cdot 0{,}518 \cdot 1{,}87} = 0{,}548$$

$$\begin{aligned} A(\omega = 1) &= -20 \lg |N(j)| \\ &= 20 \lg \frac{4\sqrt{2} \cdot 0{,}518 \cdot 1{,}87}{1 \cdot 3} \\ &= 5{,}2\ \mathrm{dB} \end{aligned}$$

$$B(1) = 45° + 15° + 75° - [-90° + 90°] = 135°$$

$$\begin{aligned} T_{gr}(1) &= \left.\frac{\mathrm{d}B(\omega)}{\mathrm{d}(\omega)}\right|_{\omega=1} \\ &= \left[\frac{1}{1 + \omega^2} + \frac{\frac{1}{2}}{\left(\frac{1}{2}\right)^2 + \left(\omega - \frac{\sqrt{3}}{2}\right)^2} \right. \\ &\quad \left.\left. + \frac{\frac{1}{2}}{\left(\frac{1}{2}\right)^2 + \left(\omega + \frac{1}{2}\sqrt{3}\right)^2}\right]\right|_{\omega=1} \\ &= 0{,}5 + 1{,}87 + 0{,}14 = 2{,}51 \end{aligned}$$

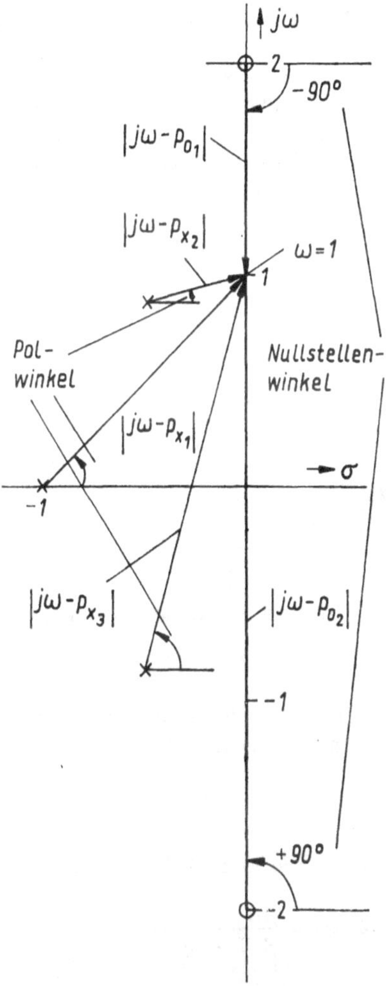
jω
2
−90°
$|j\omega - p_{o_1}|$
$|j\omega - p_{x_2}|$
ω=1
1
Pol-
winkel
Nullstellen-
winkel
$|j\omega - p_{x_1}|$
σ
−1
$|j\omega - p_{x_3}|$
$|j\omega - p_{o_2}|$
−1
+90°
−2

die *Pole* (P) der Netzwerkfunktion und sprechen zusammenfassend von den Pol-Nullstellen-Daten oder kurz von den PN-*Daten*.

Die grafische Darstellung der PN-Daten in einer endlichen komplexen Frequenzebene $p = \sigma + j\omega$ heißt PN-*Plan*. In diesem werden die Koordinaten der Pole durch ein x und die der Nullstellen durch $\circ$ gekenn-

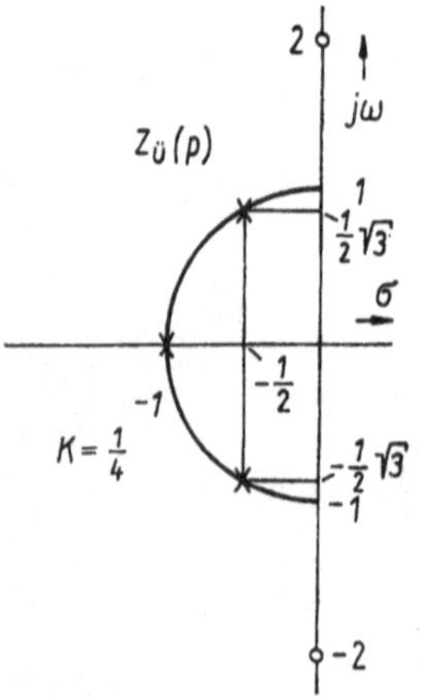

Abb. 2.10. PN-Plan eines speziellen $Z_{\ddot{U}}(p)$

zeichnet. Damit daraus (2.29) vollständig rekonstruiert werden kann, ist die Angabe des „Vorfaktors K" notwendig.

Beispiel 2.13.

Gegeben: Abzweigschaltung wie in Bild 2.2b skizziert mit

$$N(p) = \frac{U_3(p)}{I_0(p)} = Z_{\ddot{U}}(p) = \frac{1}{4} \frac{4 + p^2}{1 + 2p + 2p^2 + p^3}$$

gemäß (2.2b)

Gesucht: Zugehörige Linearfaktordarstellung und PN-Plan?

Lösung: Aus der Nennerform lesen wir ab, daß $p_1 = -1$

eine Wurzel ist. Damit gilt

$$1 + 2p + 2p^2 + p^3 = (p + 1)(p^2 + p + 1)$$

oder $p_1 = -1,\ p_2 = -\frac{1}{2} + j\frac{\sqrt{3}}{2},\ p_3 = -\frac{1}{2} - j\frac{\sqrt{3}}{2}.$

Die Linearfaktordarstellung lautet

$$Z_{\ddot{U}}(p) = \frac{1}{4}\,\frac{(p - j2)(p + j2)}{(p + 1)\left(p + \frac{1}{2} - j\frac{\sqrt{3}}{2}\right)\left(p + \frac{1}{2} + j\frac{\sqrt{3}}{2}\right)}. \tag{2.29a}$$

Dazu gehört ein PN-Plan wie in Abb. 2.10 skizziert.

Da realisierbare Netzwerkfunktionen stets reelle Koeffizienten haben und Stabilität vorausgesetzt wird, folgen zusätzlich die in Tafel 2.2. unter Punkt 6 aufgeschriebenen Pol-Nullstellen-Eigenschaften.

2.6. *Berechnung von Netzwerkcharakteristiken aus PN-Daten*

Berechnung von Zeitcharakteristiken

Wenn $N(p)$ nur einfache (d. h. voneinander verschiedene) Pole bei $n \geqq m$ aufweist, so ist stets eine Partialbruchdarstellung

$$N(p) = \sum_{\nu=1}^{n} \frac{\mathrm{Res}_\nu}{p - p_\nu} \quad \text{mit} \quad n(t) = \left(\sum_{\nu=1}^{n} \mathrm{Res}_\nu\, e^{p_\nu t}\right) s(t) \tag{2.30}$$

möglich.

Die notwendige Bestimmungsgleichung für das Residuum

$$\mathrm{Res}_\nu = (p - p_\nu)\, N(p)|_{p=p_\nu}$$

$$= \frac{K \prod_{\mu=1}^{m} (p_\nu - p_{0\mu})}{(p_\nu - p_1) \cdots (p_\nu - p_{\nu-1})(p_\nu - p_{\nu+1}) \cdots (p_\nu - p_n)} \tag{2.31}$$

können wir grafisch im PN-Plan deuten und daraus eine sehr praktische Methode herleiten. Nach (2.31) gelten die Beziehungen

$$(p_\nu - p_{0\mu}) = \text{Zeiger von der Nullstelle } p_{0\mu} \text{ zu dem Residuenpol } p_\nu$$

$$\text{und} \tag{2.31a}$$

$$(p_\nu - p_i) = \text{Zeiger von dem Pol } i \neq \nu \text{ zu dem Residuenpol.}$$

Bei reellen Koeffizienten in $N(p)$ gilt zusätzlich, daß zu p_ν^* stets Res_ν^* gehört, wenn mit p_ν das Residuum Res_ν verknüpft ist. Wenden wir (2.30) auf die komplexe Grundform

$$\frac{1}{(p - \sigma_1 - j\omega_1)\,(p - \sigma_1 + j\omega_1)} \tag{2.31b}$$

an, so erhalten wir für die Rücktransformierte

$$\frac{1}{\omega_1}\,\mathrm{e}^{\sigma_1 t} \sin \omega_1 t\,. \tag{2.31c}$$

Mit diesem Ergebnis gilt allgemein für $t \geqq 0$

$$n(t) = \sum_{\nu=1}^{\varrho} \text{Res}_{r_\nu}\, \mathrm{e}^{p_{r_\nu} t} + \sum_{\nu=1}^{s} \frac{|\text{Res}_\nu|}{\omega_\nu}\, \mathrm{e}^{\sigma_\nu t} \sin(\omega_\nu t + \text{arc Res}_\nu), \tag{2.32}$$

wobei mit p_{r_ν} die *reellen* Pole und mit p_ν die komplexen Pole mit *positivem* Imaginärteil bezeichnet sind. (Hinweis: Bei der Berechnung von Res_ν und arc Res_ν bleibt jeweils der zu ν konjugiert-komplexe *Einzelpol* unberücksichtigt, da er bereits im sin-Ausdruck implizit enthalten ist.)

Beispiel 2.14.

Gegeben: Übertragungs(widerstands)funktion nach (2.29a)

Gesucht: Zugehörige Gewichtsfunktion?

Lösung: Allgemein gilt nach (2.30)

$$N(p) = \frac{\text{Res}_1}{p+1} + \frac{\text{Res}_2}{p + \frac{1}{2} - j\,\frac{1}{2}\sqrt{3}} + \frac{\text{Res}_3}{p + \frac{1}{2} + j\,\frac{1}{2}\sqrt{3}}$$

mit $\text{Res}_3 = \text{Res}_2^*$.

Unter Beachtung von (2.32) lesen wir aus dem PN-Plan (Abb. 2.11 a) für den reellen Pol ab:

$$p_{r_1} = -1: \quad \mathrm{Res}_1 = \frac{1}{4} \frac{\sqrt{5}\,\underline{|-118^\circ}\;\sqrt{5}\,\underline{|118^\circ}}{1\,\underline{|-120^\circ}\;1\,\underline{|120^\circ}} = \frac{5}{4}$$

(Die Winkelbeiträge heben sich paarweise heraus in diesem Beispiel). Entsprechend gilt für den Beitrag des komplexen Polpaares (Abb. 2.11 b):

$$p_1 = -\frac{1}{2} + j\,\frac{\sqrt{3}}{2}:$$

$$\frac{1}{\omega_1}\,\mathrm{Res}_1 = \frac{1}{4}\,\frac{2}{\sqrt{3}}\,\frac{1{,}24\,\underline{|-114^\circ}\;2{,}87\,\underline{|100^\circ}}{1\,\underline{|60^\circ}} = 1{,}04\,\underline{|-74^\circ}.$$

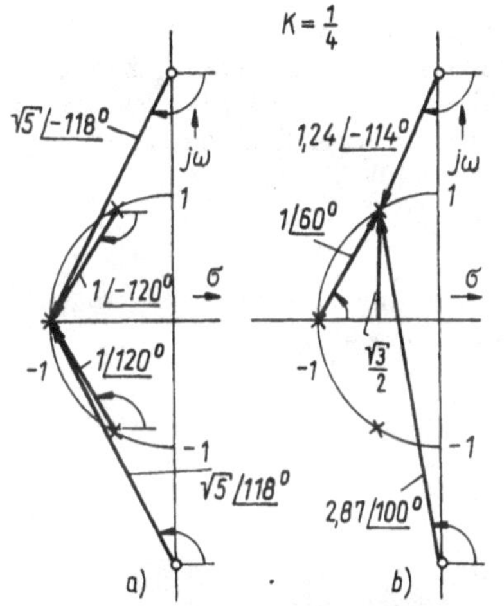

Abb. 2.11. Deutung der Residuenberechnung

a) für den reellen Pol bei -1

b) für das konjugiert-komplexe Polpaar bei $-\frac{1}{2} \pm j\,\frac{\sqrt{3}}{2}$

Insgesamt gilt damit für die resultierende Zeitfunktion

$$n(t) = \left(\frac{5}{4}\,\mathrm{e}^{-t} + 1{,}04\,\mathrm{e}^{-1/2t}\sin\left(\frac{\sqrt{3}}{2}t - 74^\circ\right)s(t)\right), \tag{2.32a}$$

und der in Abb. 2.12 skizzierte Verlauf $n(t)$ ist identisch mit der Netzwerkantwort, wenn als Ursache ein (Strom-)Einheitsstoß, d. h., $i_0(t) = \delta(t)$, einwirkt.

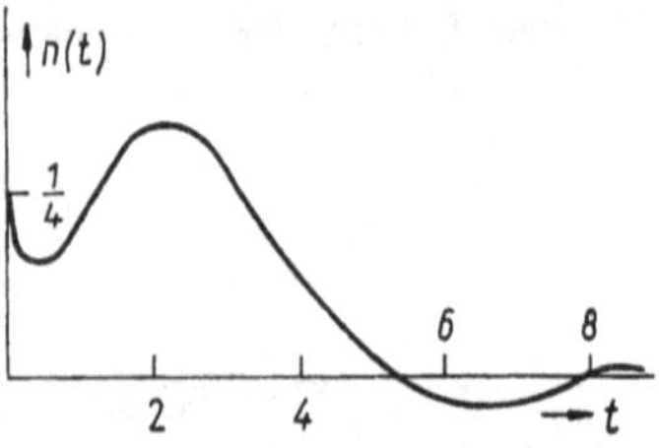

Abb. 2.12. Verlauf der Zeitfunktion $n(t)$ gehörend zu $N(p) = Z_U(p)$

Berechnung von Frequenzcharakteristiken

Frequenzcharakteristiken oder Frequenzgänge sind reelle Teilfunktionen, d. h., $N(p = j\omega)$ ist auszuwerten bei gleichzeitiger Zerlegung in reelle Teilabhängigkeiten. Im einzelnen gilt (s. Tafel 2.10)

Betragscharakteristik

$$|N(j\omega)| = \frac{a_m}{b_n}\,\frac{|j\omega - p_{01}|\cdot|j\omega - p_{02}|\cdots|j\omega - p_{0m}|}{|j\omega - p_{x1}|\,|j\omega - p_{x2}|\cdots|j\omega - p_{xn}|}$$

$$= K\,\frac{\prod\limits_{\mu=1}^{m}|j\omega - p_{0\mu}|}{\prod\limits_{\nu=1}^{n}|j\omega - p_{x\nu}|} \tag{2.33}$$

(2.33) kann gedeutet werden als eine Konstante K mal den Quotienten des Produktes aller Nullstellenabstände zu $j\omega$ dividiert durch das Produkt aller Polabstände zu $j\omega$.

Tafel 2.10. PN-Pläne und Frequenzcharakteristiken von Allpässen 1. und 2. Ordnung

Allpaß 1. Ordnung	Allpaß 2. Ordnung
$T_{AP}(p) = \dfrac{p - \bar{\sigma}_1}{p + \bar{\sigma}_1}$	$T_{AP}(p) = \dfrac{p^2 - 2\bar{\sigma}_1 p + \bar{\sigma}_1^2 + \omega_1^2}{p^2 - 2\bar{\sigma}_1 p + \bar{\sigma}_1^2 + \omega_1^2}$

PN-Pläne

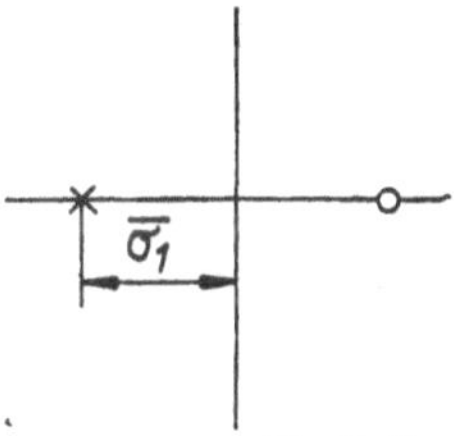

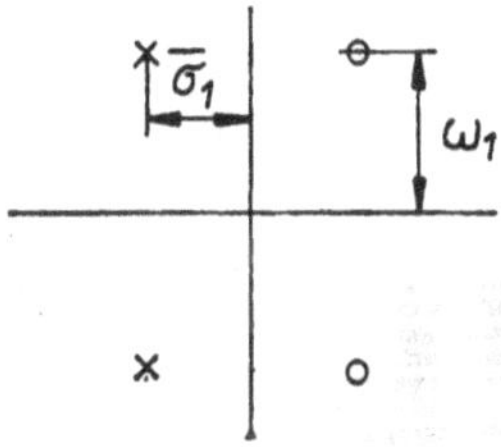

$|T_{AP}(j\omega)| = 1 \triangleq A(\omega) = 0 \triangleq$ Allpaßfunktion

$B(\omega) = 2\tan^{-1}\dfrac{\omega}{\bar{\sigma}_1}$

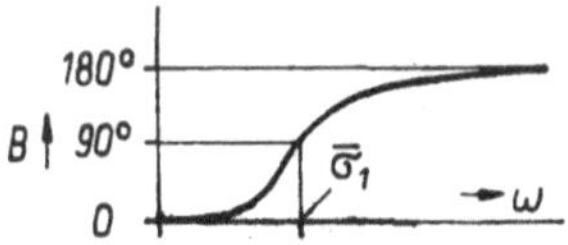

$B(\omega) = 2\tan^{-1}\dfrac{2\bar{\sigma}_1\omega}{\bar{\sigma}_1^2 + \omega_1^2 - \omega^2}$

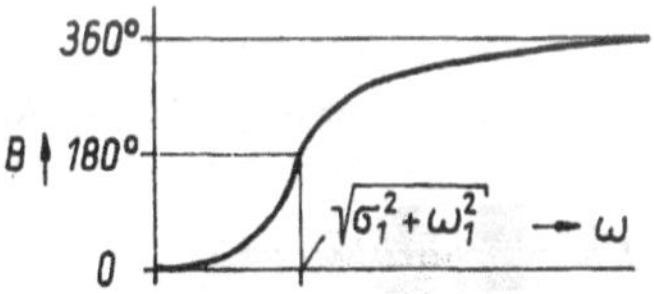

$G_{gr}(\omega) = \dfrac{dB(\omega)}{d\omega} = \dfrac{2\bar{\sigma}_1}{\bar{\sigma}_1^2 + \omega_1^2}$

$G_{gr}(\omega) = \dfrac{2}{\bar{\sigma}_1}\left[\dfrac{1}{1 + \left(\dfrac{\omega - \omega_1}{\bar{\sigma}_1}\right)^2} + \dfrac{1}{1 + \left(\dfrac{\omega + \omega_1}{\bar{\sigma}_1}\right)^2}\right]$

$\dfrac{2}{\bar{\sigma}_1}\left(1 + \dfrac{1}{1 + \left(\dfrac{2\omega_1}{\bar{\sigma}_1}\right)^2}\right)$

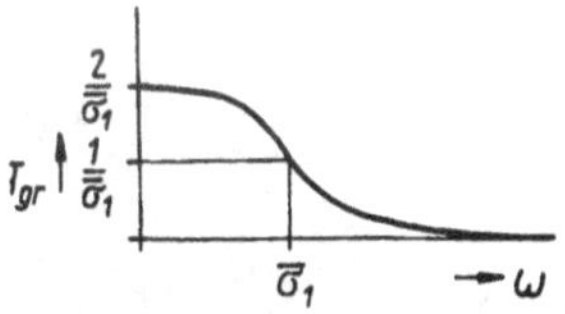

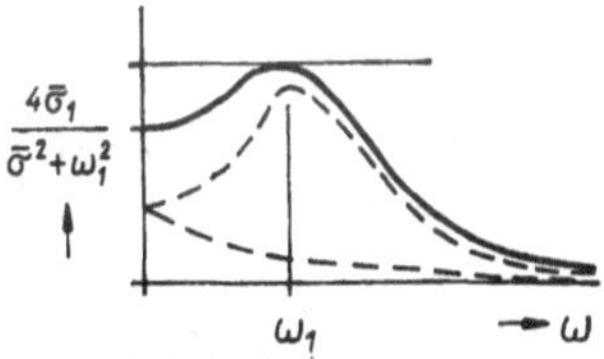

Höhergradige $T_{AP}(p)$ werden vorteilhaft in der Zerlegung

$$T_{AP}(p) = \prod_{\nu=1}^{\varrho} \frac{p - \bar{\sigma}_\nu}{p + \bar{\sigma}_\nu} \prod_{\nu=1}^{s'} \frac{p^2 - 2\bar{\sigma}_\nu p + \sigma_\nu^{-2} + \omega_\nu^2}{p + 2\bar{\sigma}_\nu p + \bar{\sigma}_\nu^{-2} + \omega_\nu^2}$$ realisiert.

Dämpfungscharakteristik

$$A(\omega) = -\ln |N(j\omega)| = -\ln K + \sum_{\nu=1}^{n} \ln |j\omega - p_{x\nu}| - \sum_{\mu=1}^{m} \ln |j\omega - p_{0\mu}| \text{ in Np} \tag{2.34a}$$

oder

$$A(\omega) = -20 \lg |N(j\omega)| = 20 \left[-\lg K + \sum_{\nu=1}^{n} \lg |j\omega - p_{x\nu}| - \sum_{\mu=1}^{m} |j\omega - p_{0\mu}| \right] \text{ in dB} \tag{2.34b}$$

(2.34a) und (2.34b) können gedeutet werden als eine Konstante plus Summe aller logarithmischen Polabstände zu $j\omega$ minus Summe aller logarithmierten Nullstellenabstände zu $j\omega$.

Phasencharakteristik

$$B(\omega) = -\text{arc}\, N(j\omega) = \sum_{\nu=1}^{n} \text{arc}\,(j\omega - p_{x\nu}) - \sum_{\mu=1}^{m} \text{arc}\,(j\omega - p_{0\mu}) = \sum_{\nu=1}^{n} \tan^{-1} \frac{\omega - \omega_{x\nu}}{-\sigma_\nu} - \sum_{\mu=1}^{m} \tan^{-1} \frac{\omega - \omega_{0\mu}}{-\sigma_\mu}. \tag{2.35}$$

(2.34) kann gedeutet werden als Summe aller „Polwinkel" zu $j\omega$ minus Summe aller „Nullstellenwinkel" zu $j\omega$.

Hinweis: Im Sonderfall $n = m$ und $\sigma_\nu = -\sigma_\mu$ (Allpaßfall) vereinfacht sich (2.35) in

$$B(\omega) = 2 \sum_{\nu=1}^{n} \text{arc}\,(j\omega - p_{x\nu}) = 2 \sum_{\nu=1}^{n} \tan^{-1} \frac{\omega - \omega_{x\nu}}{-\sigma_\nu}. \tag{2.35a}$$

Gruppenlaufzeitcharakteristik

$$T_{gr}(\omega) = \frac{\mathrm{d}B(\omega)}{\mathrm{d}\omega}$$

$$= \sum_{\nu=1}^{n} \frac{\bar{\sigma}_{x\nu}}{\bar{\sigma}_{x\nu}^2 + (\omega - \omega_{x\nu})^2} - \sum_{\mu=1}^{m} \frac{\bar{\sigma}_{0\mu}}{\bar{\sigma}_{x\mu}^2 + (\omega - \omega_{0\mu})^2} \tag{2.36}$$

mit $\bar{\sigma}_{x\nu} = |\sigma_{x\nu}|$ bzw. $\bar{\sigma}_{0\mu} = |\sigma_{0\mu}|$.

(2.36) kann gedeutet werden als die Summe von „positiven resonanzartigen Elementarkurven" (Maximum der Größe $\frac{1}{\bar{\sigma}_{x\nu}}$ liegt bei $\omega = \omega_{x\nu}$, Flächeninhalt gleich π zwischen den Frequenzgrenzen $\omega = -\infty$ bis $\omega = \infty$), hervorgerufen durch die Pole, vermindert um die Summe ähnlicher Beträge, hervorgerufen durch die Nullstellen.
Hinweis: Bei $\bar{\sigma}_{0\mu} = 0$ tritt eine Entartung (= Gruppenlaufzeitstoß) auf.

In der Praxis sind die vorgenannten Methoden „*Punkt um Punkt*" auszuwerten, wenn damit Charakteristiken ermittelt werden sollen. Praktisch genügen oft 5—7 Meßpunkte, wenn zusätzlich noch die vielfach leicht überschaubaren Grenzwerte (z. B. Verhalten bei $\omega = 0$ und ∞) hinzugenommen werden.

In Tafel 2.10 werden spezielle Zahlenwerte auf diese Weise berechnet. Eine wichtige Abart sind die sog. Bode-Diagramme.[1])

---

[1]) Durch Auswerten von (2.29a) in der Form
20 lg$|N(j\omega)|$ über einer logarithmischen ω-Skala und
arc $N(j\omega)$ über einer logarithmischen ω-Skala
erhalten wir die sog. Bode-*Diagramme* [B 1] [F 5].
Bemerkenswert ist, daß z. B. bei der doppelt-logarithmischen Betragsdarstellung die Nullstellen- oder Polfaktoren *näherungsweise* durch zwei sehr einfach konstruierbare Asymptoten beschrieben werden können, die überlagert ein übersichtliches Abbild der Gesamtcharakteristik liefern.)

2.7. *Klassifizierung der Netzwerkfunktionen*

Bei praktischen Problemen ist es stets ratsam, Netzwerkfunktionen auf besondere Eigenschaften hin zu untersuchen. Mitunter werden dadurch Wesensmerkmale sichtbar, die vorteilhafte Vereinfachungen bei der Deutung bzw. Realisierung zur Folge haben.

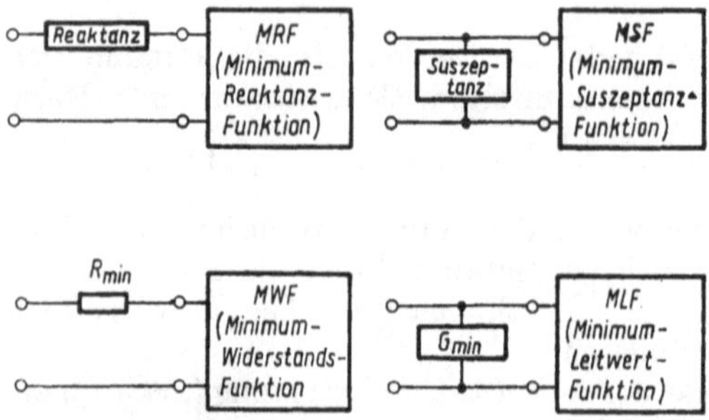

Abb. 2.13. Prinzipielle Reduktionsmöglichkeiten für Zweipolfunktionen

Zweipolfall

In Abb. 2.13 sind die prinzipiellen Möglichkeiten für die Abspaltung von Reaktanzen und ohmschen Widerständen gemäß der Grundform

$$Z = R + jX \tag{2.37c}$$

aus Widerstandsfunktionen bzw. von Suszeptanzen und ohmschen Leitwerten gemäß der Grundform

$$Y = G + jS \tag{2.37a}$$

skizziert und damit zusammenhängende Begriffe definiert.

Beispiel 2.15

Gegeben:

$$Z(p) = \frac{2p^5 + \frac{11}{2}p^4 + \frac{53}{2}p^3 + 17p^2 + 25p}{(p^2+2)\left(p^3 + 5p^2 + \frac{7}{2}p + 5\right)}$$

Gesucht: Zugehörige Minimale Immittanzfunktion (MIF)?

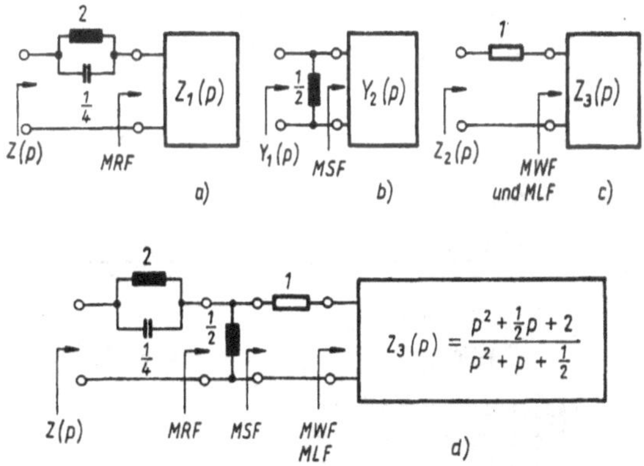

Abb. 2.14. Beispiel für die Reduktion einer Zweipolfunktion

Lösung:

1. Schritt: Abbau überflüssiger Reaktanz, d. h. Eliminierung der $j\omega$-Achsen-Pole von $Z(p)$ durch Partialbruchzerlegung.

$$\text{Aus } Z(p) = \frac{4p}{p^2+2} + \frac{2p^3 + 1{,}5p^2 + 2{,}5p}{p^3 + 5p^2 + 3{,}5p + 5}$$

$$\uparrow \qquad\qquad \uparrow \qquad\qquad\qquad \uparrow$$

$$\text{WF} \qquad \text{Reaktanz} \qquad\qquad \text{MRF}$$

erkennen wir, daß der erste Term auf der rechten Seite ein LC-Parallelkreis (Abb. 2.14a) ist.

2. Schritt: Abbau überflüssiger Suszeptanz, d. h. Eliminierung

der $j\omega$-Achsen-Pole von $Y_1(p)$ durch Partialbruchentwicklung

$$\text{Aus } Y_1(p) = \frac{2}{p} + \frac{p^2 + p + 0{,}5}{2p^2 + 1{,}5p + 2{,}5}$$

$$\uparrow \qquad \uparrow \qquad \uparrow$$

LF Suszeptanz MSF

erkennen wir, daß der erste Term auf der rechten Seite ein L im Querzweig (Abb. 2.14b) repräsentiert.

3. Schritt: Abbau überflüssigen Widerstandes

$$\text{Aus } R_2(\omega) = \frac{2\omega^4 - 2\omega^2 + 1{,}25}{\omega^4 + 0{,}25} \text{ finden wir}$$

durch Extremwertrechnung $R_{\min} = 1$ bei $\omega_{\min} = 1$ (unter Beachtung von $R_2(0) = 5$ und $R(\infty) = 2$ kann man sich bereits ein „Bild" vom R_2-Verlauf machen). Damit gilt eine Deutung gemäß Abb. 2.14c mit

$$Z_3(p) = \frac{2p^2 + 1{,}5p + 2{,}5}{p^2 + p + 0{,}5} - 1 = \frac{p^2 + 0{,}5p + 2}{p^2 + p + 0{,}5}$$

$$\uparrow \qquad \uparrow \qquad \uparrow$$

WF $R_{\min}$ MWF

4. Schritt: Abbau überflüssigen Leitwerts
Entsprechend finden wir $G_{\min} = 0$ bei $\omega_{\min} = 1$, d. h., im Zahlenbeispiel ist zufällig kein Querleitwert abspaltbar.

Abb. 2.14d zeigt zusammenfassend den ermittelten Sachverhalt. Praktisch ist im vorliegenden Fall durch „Abspalten" von speziellen Zweipolformen — bis auf einen Restzweipol $Z_3(p)$ — bereits die realisierende Struktur bekannt.

Vierpolfall

Durch die Betrachtung der PN-Verteilung läßt sich, wie das für Reaktanzen und Suszeptanzen im Zweipolfall gelang, auch für Übertragungsfunktionen eine anschauliche Klassifizierung vornehmen. Ausgangspunkt ist die Faktorisierung des Zählerpolynoms $F(p)$ einer Übertragungsfunktion in

$F_1(p)$ = Zählerteilpolynom mit nur N in der LHE und,
$F_2(p)$ = Zählerteilpolynom mit nur N in der RHE,

wobei zunächst $F(p)$ mit N auf der $j\omega$-Achse ausgeschlossen seien. Formelmäßig gilt dann

$$T(p) = \frac{F(p)}{G(p)} = \frac{F_1(p)\,F_2(-p)}{G(p)} = \underset{\substack{\uparrow \\ T_{\min}(p)}}{\frac{F_1(p)\,F_2(p)}{G(p)}} \cdot \underset{\substack{\uparrow \\ T_{AP}(p)}}{\frac{F_2(-p)}{F_2(p)}}. \tag{2.38}$$

Da voraussetzungsgemäß $G(p)$ und $F_2(p)$ HURWITZ-Polynom sind und

$$\frac{|F_2(-j\omega)|}{|F_2(j\omega)|} = 1 \tag{2.39}$$

einen *Allpaß*-Frequenzgang darstellt, kann ein $T(p)$ stets als die Kettenschaltung von $T_{\min}(p)$ und $T_{AP}(p)$ gedeutet werden. (Durch Aufzeichnen eines PN-Planes von $T_{\min}(p)$ kann sich der Leser bei Beachtung von (2.35) leicht überzeugen, daß die zugehörige Phasen-Charakteristik $B_{\min}$ *minimal* ausfällt, wenn keine Übertragungsnullstellen in der RHE vorkommen. Daraus ist die Bezeichnung $T_{\min}$ hergeleitet.) Abb. 2.15 zeigt ein Beispiel für mögliche PN-Pläne und das Realisierungsprinzip.

Bemerkenswert ist es, daß Allpaßnetzwerke die Betrags- bzw. die Dämpfungscharakteristik nicht beeinflussen und daher bei der *Phasen- oder Gruppenlaufzeitentzerrung* eingesetzt werden. $T_{\min}(p)$ ist noch ein minimalphasiges Netzwerk, wenn Übertragungsnullstellen auf der $j\omega$-Achse (das ist der Vorzugsfall bei Filterschaltungen, die auf dem Reaktanzmodell basieren) vorhanden sind. Damit der Leser mit Allpaßeigenschaften vertraut wird, sind in Tafel 2.10 Allpässe erster und zweiter Ordnung analysiert. Es ist bemerkenswert, daß beliebig komplizierte Allpaßübertragungsfunktionen durch solche Elementarverläufe beschrieben bzw. realisiert werden.

Wie sich die Ergebnisse für Immittanz- und Übertragungsfunktionen entsprechen, verdeutlicht die Gegenüberstellung in Tafel 2.11. Dazu ist es insbesondere notwendig, Immittanzfunktionen mit dem negativen Logarithmus der Übertragungsfunktion zu vergleichen. Weitere Einzelheiten s. [B 1], [F 3].

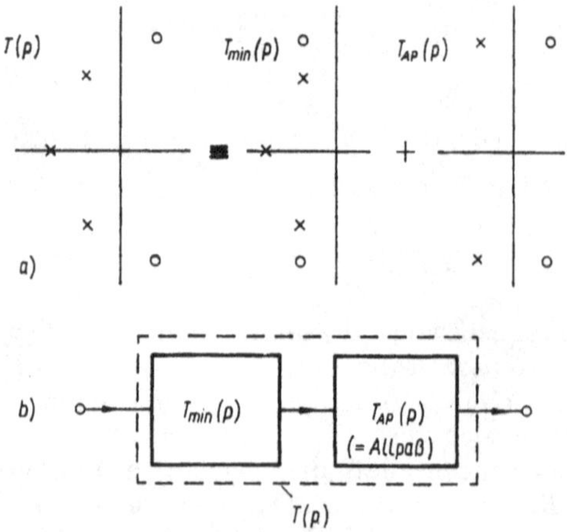

Abb. 2.15. **Beispiel für die Faktorisierung in minimalphasige und Allpaß-Übertragungsfunktionen**

2.8. *Beziehungen zwischen Teil- und Gesamtfunktionen*

In den vorangegangenen Abschnitten haben wir sowohl Gesamtfunktionen (z. B. $n(t)$, $N(p)$) als auch Teilfunktionen (z. B. Re $N(j\omega)$, Im $N(j\omega)$) kennengelernt. Es liegt nahe zu fragen:

1. Können wir von Teilfunktionen (unter bestimmten Voraussetzungen) auf Gesamtfunktionen schließen?

2. Welche Beziehungen existieren zwischen einzelnen zusammengehörigen Teilfunktionen?

Da der zentrale „Hintergrund“ komplexe Funktionen mit dem Argument $p = \sigma + j\omega$ sind, die nach ganz bestimmten Rechenregeln in stationäre Teilfunktionen (in der Netzwerktheorie treffender als Frequenzcharakteristiken bezeichnet) zerlegt werden, sind gesetzmäßige Zusammenhänge zu erwarten.

Eine formelmäßige Antwort erhalten wir entweder mit

— Integralbeziehungen (die besonders für theoretische Untersuchungen und Abschätzungen geeignet sind) oder mit

— algebraischen Beziehungen (die besonders für „zulässige“ rationale Frequenzfunktionen zugeschnitten sind).

· *Integralbeziehungen* [B 1], [F 4], [T 1].

Falls — wie es im Regelfall für Übertragungsfunktionen zutrifft — $N(p)$ mit Zählergrad kleiner Nennergrad betrachtet werden, kann wegen

$$\int_0^\infty |n(t)|\, \mathrm{d}t = M < \infty \quad \text{mit} \quad n(t) = 0 \quad \text{für} \quad t < 0 \tag{2.40}$$

aus $N(p)$ unmittelbar durch Substitution $p = j\omega$ das zugehörige $N(j\omega)$ gewonnen werden. Praktisch heißt das, wir können für die Rücktransformation schreiben

$$n(t) = \frac{1}{2\pi} \int_{-\infty}^{\infty} \left(N_g(\omega) + jN_u(j\omega)\right) \mathrm{e}^{j\omega t}\, \mathrm{d}\omega. \tag{2.40a}$$

Mit Hilfe der Zerlegung $\mathrm{e}^{j\omega t} = \cos \omega t + j \sin \omega t$ und Trennung in Real- und Imaginärteil gilt damit auch

$$n(t) = \frac{1}{\pi} \int_0^\infty N_g(\omega) \cos \omega t\, \mathrm{d}\omega - \frac{1}{\pi} \int_0^\infty N_u(\omega) \sin \omega t\, \mathrm{d}\omega. \tag{2.40b}$$

Tafel 2.11. Analogie zwischen Frequenzcharakteristiken bei Zwei- und Vierpolen

Immittanzfunktionen	Negativer Logarithmus von Übertragungsfunktionen
Charakteristiken	
Realteil $[R(\omega), G(\omega)]$	(Realteil $\triangleq$) Dämpfung $A(\omega)$
Imaginärteil $[X(\omega), S(\omega)]$	(Imaginärteil $\triangleq$) Phase $B(\omega)$
Merkmale bei passiven Netzwerken	
Realteil $\geqq 0$ für alle ω P und N nur in der linken p-Halbebene einschl. $j\omega$-Achse	$A_B \geqq 0$ für alle ω P nur in der „linken p-Halbebene" (LHE)
Merkmal für passive NW minimaler Phase	
Keine P und N auf der $j\omega$-Achse	N nur in der LHE einschl. $j\omega$-Achse
Passive Schaltmittel, die nur die Realteile beeinflussen	
Ohmsche Immittanz 	Dämpfungsglied 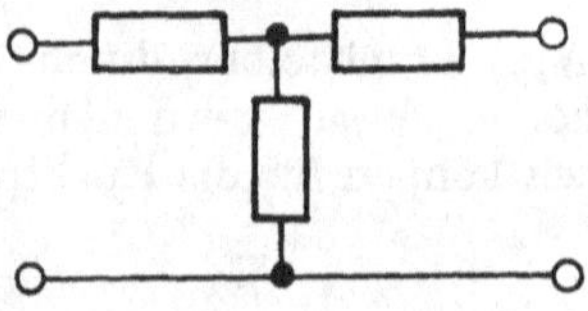
Aktive Schaltmittel, die nur die Realteile beeinflussen	
Negative ohmsche Immittanz 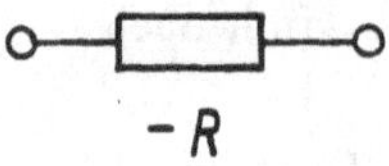	Verstärker 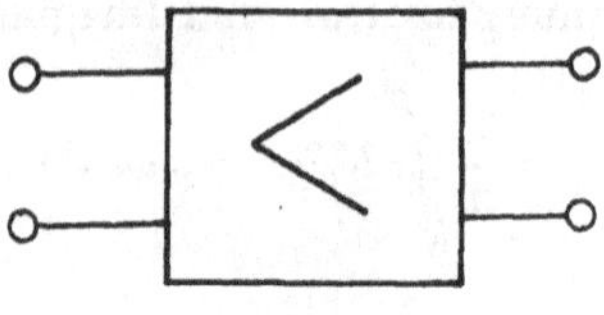

Tafel 2.11. (Fortsetzung)

Passive Schaltmittel, die nur den Imaginärteil beeinflussen	
Reaktanz bzw. Suszeptanz	Allpaß
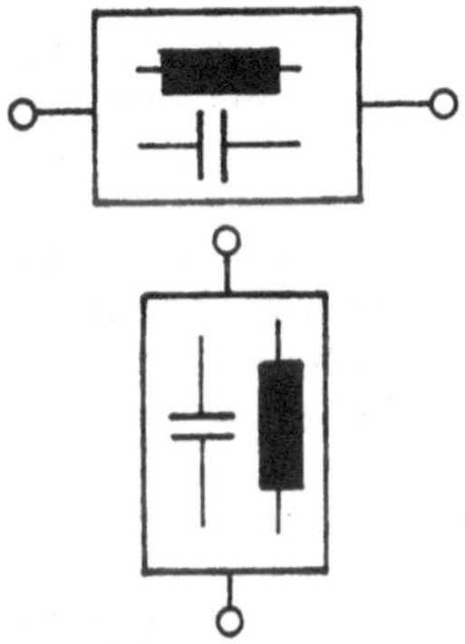	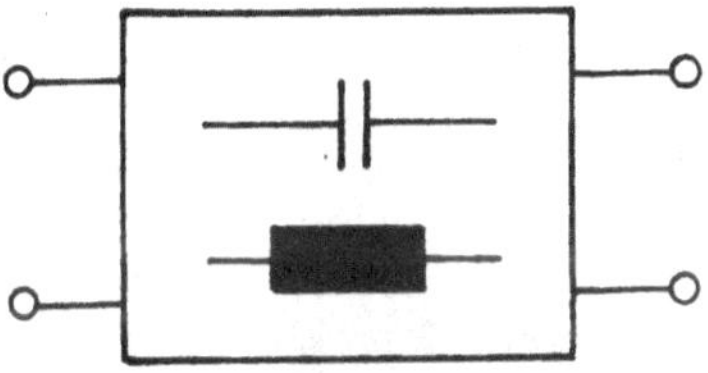

Ein Ausdruck, der sich weiter vereinfacht, wenn wir daran denken, daß $n(t) = 0$ für $t < 0$ nur verifizierbar ist, falls die beiden Integrale für negative t entgegengesetzt gleichgroß sind. Daraus folgt für $t > 0$

$$n(t) = \frac{2}{\pi} \int_0^\infty N_g(\omega) \cos \omega t \, d\omega$$

$$= -\frac{2}{\pi} \int_0^\infty N_u(\omega) \sin \omega t \, d\omega \qquad (2.41)$$

oder in Worten:

> Bereits durch eine Komponente $N_g(\omega)$ oder $N_u(\omega)$ ist $n(t)$ und damit $N(p) = \mathscr{L}\{n(t)\}$ vollständig bestimmt.

Aus (2.40a) läßt sich eine Vielzahl weiterer Beziehungen herleiten, insbesondere auch $N_g(\omega) = f(N_u(\omega))$ und umgekehrt, die in der Mathematik als HILBERT-Transformation [F 4], [S 2] bekannt ist und für Anwendungen in der Netzwerktheorie durch H. W. BODE [B 1], [F 3] praktikabel gedeutet wurden. Aus Platzmangel können wir hier diesen Weg nicht weiter verfolgen.

Algebraische Beziehungen [B 1], [G 1], [M 10].

Vermehrt stehen beim Netzwerkentwurf Frequenzgänge „zulässiger" rationaler Funktionen im Mittelpunkt, für die eine Integralauswertung wenig geeignet ist. Der Grundgedanke besteht in der „analytischen Fortsetzung" der vorgegebenen reellen Teilfunktionen (oder leicht meßbaren Charakteristiken) zu komplexen Funktionen mit *minimalen* konjugierten Funktionen. Praktisch werden die in Tafel 2.2 notierten Zerlegungen „rückgängig" gemacht und durch Koeffizientenvergleich bzw. geeignete Darstellungen werden zunächst unbekannte Beiwerte bestimmt.

Eine Vorzugsrolle spielt die Nennerbestimmung durch Auflösen einer Gleichung höheren Grades und die Polynomfaktorisierung in ein HURWITZ- und in ein *Anti*-HURWITZ-*Polynom*. Wir beschränken uns hier auf sehr einfache Beispiele.

Zweipolfall

Beispiel 2.16

Gegeben: $R(\omega) = \operatorname{Re} Z(j\omega) = \dfrac{1}{1 + \omega^4}$

Gesucht: Zugehöriges $Z(p)$?

Lösung: Nach Tafel 2.2. gilt Re $Z(j\omega)$

$$= \left. \frac{A_g B_g - A_u B_u}{B_g^2 - B_u^2} \right|_{p = j\omega}$$

$$\text{bei } Z(p) = \frac{A_g(p) + A_u(p)}{B_g(g) + B_u(p)} = \frac{\sum\limits_{\mu=0}^{m} a_\mu p^\mu}{\sum\limits_{\nu=0}^{n} b_\nu p^\nu}.$$

Falls der höchste Nennerkoeffizient gleich 1 ist (im

Beispiel trifft das zufällig zu, sonst muß diese Form hergestellt werden) gilt für den Nenner

$$\begin{aligned} 1+\omega^4|_{\omega^2=-p^2} &= 1+p^4 = (B_g+B_u)(B_g-B_u) \\ &= 1+p^4+2p^2-2p^2 = (1+p^2)^2-(2p^2) \\ &= (\underset{\overset{\uparrow}{B_g}}{1}+p^2+\underset{\overset{\uparrow}{B_u}}{\sqrt{2}p})(\underset{\overset{\uparrow}{B_g}}{1}+p^2-\underset{\overset{\uparrow}{B_u}}{\sqrt{2}p}) \end{aligned}$$

Die Bestimmung von A_g und A_u geschieht vorteilhaft durch Auswertung des Ausdrucks

$$\frac{\text{Zähler von Ge}\, Z(p)}{B_g(p)B_u(p)} = \frac{A_gB_g - A_uB_u}{B_gB_u} = \frac{A_g}{B_u} - \frac{A_u}{B_g},$$

d. h. im Beispielfall

$$\frac{1}{(1+p^2)\sqrt{2}p} = \frac{1+p^2-p^2}{(1+p^2)\sqrt{2}p} = \frac{\overset{A_g}{\overset{\downarrow}{1}}}{\underset{\overset{\uparrow}{B_u}}{\sqrt{2}p}} - \frac{\overset{A_u}{\overset{\downarrow}{\frac{1}{2}\sqrt{2}p}}}{\underset{\overset{\uparrow}{B_g}}{1+p^2}},$$

oder insgesamt

$$Z(p) = \frac{A_g + A_u}{B_g + B_u} = \frac{1 + \frac{1}{2}\sqrt{2}p}{1 + \sqrt{2}p + p^2}.$$

Beispiel 2.17

Gegeben: $X(\omega) = \operatorname{Im} Z(j\omega) = \dfrac{-\frac{1}{2}\,2\omega(1-\omega^2)}{1+\omega^4}$

Gesucht: Zugehöriges $Z(p)$?

Lösung: Nach Tafel 2.2. gilt $\operatorname{Im} Z(j\omega)$

$$= \left. \frac{B_g A_u - A_g A_u}{B_g^2 - B_u^2} \right|_{p=j\omega}$$

$$\text{bei } Z(p) = \frac{A_g(p) + A_u(p)}{B_g(p) + B_u(p)} = \frac{\sum\limits_{\mu=0}^{m} a_\mu p^\mu}{\sum\limits_{\nu=0}^{n} b_\nu p^\nu}.$$

Falls der höchste Nennerkoeffizient gleich 1 ist (im Beispiel trifft das zufällig zu, sonst muß diese Form hergestellt werden) gilt wie im Beispiel 2.16

$$B_g(p) = 1 + p^2 \quad \text{und} \quad B_u(p) = \sqrt{2}p.$$

Die Bestimmung von A_g und A_u geschieht durch Auswertung des Ausdrucks

$$\frac{\text{Zähler von Un } Z(p)}{B_g(p)\, B_u(p)} = \frac{B_g A_u - A_g B_u}{B_g B_u} = \frac{A_u}{B_u} - \frac{A_g}{B_g},$$

d. h. im Beispielfall

$$\frac{-\frac{1}{2}\, 2p + \frac{1}{2}\, 2p^3}{(1 + p^2)\left(\sqrt{2}\, p\right)} = \frac{1}{2}\, \frac{-1 + p^2}{1 + p^2} = \frac{1}{2}\, \frac{-1 + p^2 + 1 - 1}{1 + p^2}$$

$$= \frac{1}{2} - \frac{1}{1 + p^2} = \frac{\overset{\overset{A_u}{\downarrow}}{\frac{1}{2}\sqrt{2}\, p}}{\underset{\underset{B_u}{\uparrow}}{\sqrt{2}\, p}} - \frac{\overset{\overset{A_g}{\downarrow}}{1}}{\underset{\underset{B_g}{\uparrow}}{1 + p^2}},$$

oder insgesamt

$$Z(p) = \frac{A_g + A_u}{B_g + B_u} = \frac{1 + \frac{1}{2}\sqrt{2}\, p}{1 + \sqrt{2}\, p + p^2}.$$

Beispiel 2.18

Gegeben: $|Z(j\omega)|^2 = \dfrac{1 + \frac{1}{2}\,\omega^2}{1 + \omega^4}$

Gesucht: Zugehöriges $Z(p)$?

Lösung: Für die Hilfsfunktion

$$H(j\omega) = |Z(j\omega)|^2 = Z(j\omega)\, Z(-j\omega)$$

gilt nach der Einführung von p

$$H(p) = H(j\omega)|_{j\omega=p} = Z(p)\, Z(-p) = \frac{A(p)\, A(-p)}{B(p)\, B(-p)}.$$

Eingesetzt erhalten wir

$$H(p) = \frac{1 - \frac{1}{2}\,p^2}{1 + p^4} = \frac{1 + \frac{1}{2}\sqrt{2}\,p}{1 + \sqrt{2}\,p + p^2} \cdot \frac{1 - \frac{1}{2}\sqrt{2}\,p}{1 - \sqrt{2}\,p + p^2}.$$

Damit ist $Z(p) = \dfrac{1 + \frac{1}{2}\sqrt{2}\,p}{1 + 2p + p^2}$

eine mögliche Zweipolfunktion (mit minimalem Imaginärteil). Das Hinzufügen eines Allpaßfaktors, z. B.

$$Z(p)\,\frac{1 - p}{1 + p},$$

würde an $|Z(j\omega)|$ nichts ändern.

Beispiel 2.19

Gegeben: $\Phi_z(\omega) = -\tan^{-1} \frac{1}{2} \sqrt{2}\,(\omega + \omega^3)$

Gesucht: Zugehöriges $Z(p)$ mit $Z(j\omega) = |Z(j\omega)|\, e^{j\Phi_z(\omega)}$?

Lösung: Wenn wir eine Hilfsfunktion

$$\overline{H}(j\omega) = \frac{Z(j\omega)}{Z(-j\omega)} = e^{j2\Phi_z(\omega)}$$

definieren, gilt auch

$$j \tan \Phi_z(\omega) = \frac{e^{j2\Phi_z(\omega)} - 1}{e^{j2\Phi_z(\omega)} + 1} = \frac{\overline{H}(j\omega) - 1}{\overline{H}(j\omega) + 1}$$

bzw. $\overline{H}(j\omega) = \dfrac{1 + j \tan \Phi_z(\omega)}{1 - j \tan \Phi_z(\omega)}$.

Die analytische Fortsetzung

$$\overline{H}(j\omega)|_{j\omega \to p} = \overline{H}(p) = \frac{Z(p)}{Z(-p)} = \frac{A(p)}{B(p)} \frac{B(-p)}{A(-p)}$$

führt auf die gesuchte Netzwerkfunktion, wobei durch die willkürliche Aufspaltung (z. B. des Nenners in $B(p)\, A(-p)$) i. a. eine natürliche Vielfalt von Funktionen entsteht, aus denen geeignete Formen auszuwählen sind.

Im Beispielfall gilt

$$\overline{H}(j\omega) = \frac{1 - j\dfrac{\sqrt{2}}{2}\omega - j\dfrac{\sqrt{2}}{2}\omega^3}{1 + j\dfrac{\sqrt{2}}{2}\omega + j\dfrac{\sqrt{2}}{2}\omega^3} \quad \text{oder}$$

$$\overline{H}(p) = \frac{1 - \dfrac{1}{2}\sqrt{2}\,p + \dfrac{\sqrt{2}}{2}p^3}{1 + \dfrac{1}{2}\sqrt{2}\,p - \dfrac{1}{2}p^3} = \frac{\left(1 + \dfrac{\sqrt{2}}{2}p\right)\left(1 - \sqrt{2}\,p + p^2\right)}{\left(1 + \sqrt{2}\,p + p^2\right)\left(1 - \dfrac{\sqrt{2}}{2}p\right)}.$$

Bei einer „sinnvollen" Zuordnung[1]), d. h.

$$A(p) = 1 + \frac{\sqrt{2}}{2}p \quad \text{und} \quad B(p) = 1 + \sqrt{2}\,p + p^2,$$

gilt schließlich

$$Z(p) = \frac{1 + \dfrac{1}{2}\sqrt{2}\,p}{1 + \sqrt{2}\,p + p^2}.$$

Stets kann ein konstanter reeller Vorfaktor hinzugefügt werden, da dieser $\Phi_z(\omega)$ nicht beeinflußt.

---

[1]) $A(p)$ und $B(p)$ sind („stabile") HURWITZ-Polynome, Grad von $A(p) \leq$ Grad von $B(p)$

Ohne Beweis sei ergänzt: Wenn zulässige Zweipolfunktionen (s. Abschn. 3.1.3.) zustande kommen sollen, müssen für die Teilfunktionen die in Tafel 2.12 notierten Bedingungen erfüllt sein. Für Zweipolbetragsfunktionen können keine allgemeinen hinreichenden Bedingungen formuliert werden.

Vierpolfall

Hier haben die

- Dämpfungscharakteristik und die
- Phasencharakteristik

besondere praktische Bedeutung.

Vielfach ist es vorteilhaft, als Hilfsfunktion die *Drosselungscharakteristik*

$$D^2(\omega) = e^{2A(\omega)} - 1 \qquad (A \text{ in Np})$$
$$= 10^{2/20\,A(\omega)} - 1 \quad (A \text{ in dB}) \qquad (2.42)$$

einzuführen. Speziell im *Filterfall*, d. h. bei Schaltungen mit bestmöglicher Frequenzselektion bei kleinstem Grad von $T(p)$, ist

|| $D(\omega)$ eine gerade oder ungerade reelle Funktion,

deren Nullstellen mit Dämpfungsnullstellen und deren Pole mit Dämpfungspolen (oder Sperrstellen oder Übertragungsnullstellen) übereinstimmen.

Nach (2.27) gilt für Reaktanzvierpole mit $p = j\omega$

$$|H(j\omega)|^2 = |G(j\omega)|^2 - K^2\,|F(j\omega)|^2 \qquad (2.43)$$

$$\text{mit } D(j\omega) = \frac{H(j\omega)}{KF(j\omega)} \quad \text{und} \quad T(j\omega) = \frac{KF(j\omega)}{G(j\omega)} \qquad (2.43\text{a})$$

Beispiel 2.20

Gegeben: $A(\omega) = 10 \lg (1 + \omega^6)$

Gesucht: $D(\omega)$?

Tafel 2.12. Bedingungen für Teilfunktionen, die auf zulässige Zweipolfunktionen führen

Realteil-Charakteristiken	*Imaginärteil-Charakteristiken*
Notwendig und hinreichend sind	
1. Gerade Funktion mit reellen Koeffizienten 2. Nicht negativ für beliebige ω 3. Keine Pole bei reellen Frequenzen (einschl. 0 und ∞)	1. Ungerade Funktion mit reellen Koeffizienten 2. Einfache Pole mit negativ-reellen Residuen sind zugelassen
Beispiele	
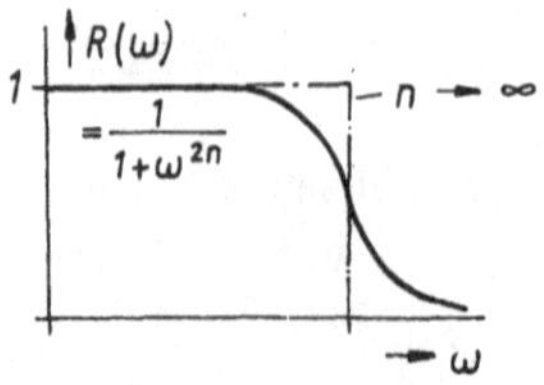	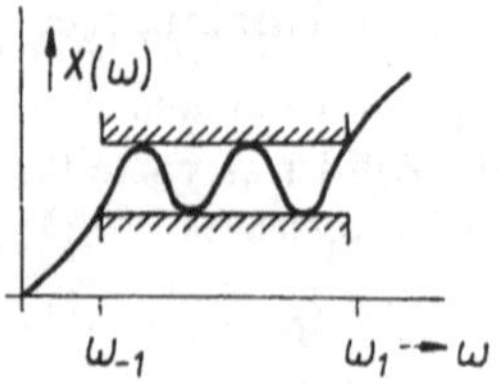
Betrags-Charakteristiken	*Phasen-Charakteristiken*
Notwendig	
aber *nicht* hinreichend sind	und hinreichend sind
1. Gerade Funktion mit reellen Koeffizienten 2. Nicht negativ für beliebige ω 3. Nullstellen und Pole müssen von gerader Ordnung sein.	$\tan \Phi_Z(\omega)$ bzw. $\tan \Phi_Y(\omega)$ muß eine ungerade Funktion mit reellen Koeffizienten sein.
Beispiele	
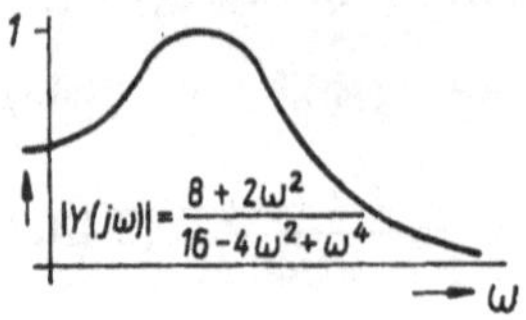	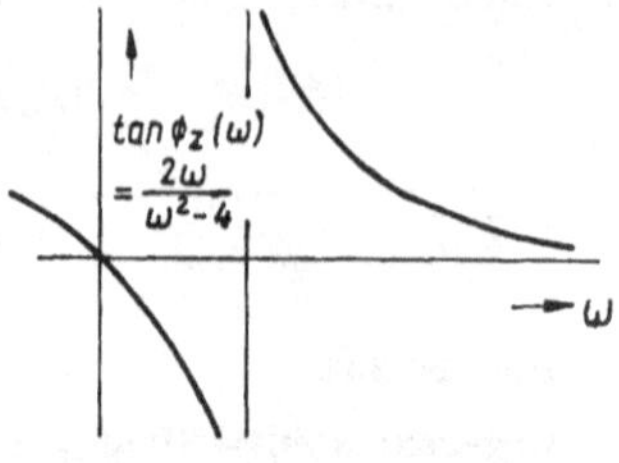

Lösung: Mit $A(\omega) = 10 \lg \dfrac{|G(j\omega)|^2}{|F(j\omega)|^2}$ bei $K = 1$

gilt $|G(j\omega)|^2 = 1 + \omega^6$ und $|F(j\omega)|^2 = 1$.

Daraus erhalten wir nach (2.43)

$$|H(j\omega)|^2 = |D(j\omega)|^2 = 1 + \omega^6 - 1 = \omega^6$$

$D(\omega) = \omega^3$ = Potenzfunktion 3. Grades mit 3facher N bei $\omega = 0$.

Praktische Aufgaben werden oft vorteilhaft in der Bearbeitungsweise

|| $D(\omega) \to D(p) \to G(p) \to T(p)$

gelöst. Der Übergang von $D(p)$ zu $G(p)$ wird durch Anwendung von (2.27) vollzogen.

Beispiel 2.21

Gegeben: $B(\omega) = \tan^{-1} \dfrac{\omega^3 - 2\omega}{1 - 2\omega^2} = -\text{arc}\, T(j\omega)$

Gesucht: $T(p) = \dfrac{F(p)}{G(p)}$

Lösung: Entsprechend Beispiel 2.19 gilt

$$\bar{H}(j\omega) = \frac{1 - 2\omega^2 + j\omega^3 - 2j\omega}{1 - 2\omega^2 - j\omega^3 + 2j\omega}$$

und

$$\bar{H}(p) = \frac{1 - 2p + 2p^2 - p^3}{1 + 2p + 2p^2 + p^3} = \frac{(1 - p)(1 - p + p^2)}{(1 + p)(1 + p + p^2)}.$$

Aus dem Vergleich mit

$$\bar{H}(p) = \frac{F(p)}{G(p)} \frac{G(-p)}{F(-p)}$$

lesen wir ab

1. $G(p) = (1 + p)(1 + p + p^2)$ bei $F(-p) = 1$
2. $G(p) = 1 + p + p^2$ bei $F(-p) = 1 + p$,

wenn wir nur $T(p)$ mit Grad von $F(p) <$ Grad von $G(p)$ zulassen.

Damit sind die zugehörigen Lösungen

1. $T(p) = \dfrac{1}{(1+p)(1+p+p^2)}$

2. $T(p) = \dfrac{1-p}{1+p+p^2}$.

2.9. *Kurzer Rück- und Ausblick*

Für lineare und zeitinvariante Analognetzwerke mit endlich vielen konzentrierten Elementen — vorwiegend R, L, C, idealen Übertragern und gekoppelten Induktivitätspaaren mit $L_1L_2 \geqq M^2$ — wurden wesentliche Methoden zur Berechnung von Netzwerkfunktionen vermittelt, die sich praktisch als

— Immittanzfunktionen und
— Übertragungsfunktionen

repräsentieren. Für die Klasse der häufig vorkommenden kopplungsfreien Abzweigschaltungen wurde nachdrücklich auf das Verfahren der fortgesetzten Addition und Inversion (Kettenbruchdarstellung) für Immittanzfunktionen und auf das simultane Gleichungssystem der fortgesetzten Strom- bzw. Spannungsteilung für die Berechnung von Übertragungsfunktionen verwiesen. Daraus kann eine für Spezialisten sehr nützliche Kontinuantendarstellung [H 1] hergeleitet werden, die es rationell gestattet, Netzwerkfunktionen dieser Systemklasse zu berechnen. Als allgemeine — theoretisch gleichwertige — Methoden sind die Maschenstrom- und die Knotenspannungsanalyse anzusehen. Weitere nützliche Sonderverfahren stellen die Ansätze der Zweipol- und Vierpol-Betrachtungen dar. Für den letzten Fall wird ein einheitlicher Hintergrund beschrieben, der einen vorteilhaften Einblick in die Verwandtschaft der verschiedenen Vierpolschreibungen gewährt. Parallel zur Strom-Spannungs-Beschreibung wird die allgemeinere Wellen-Beschreibung mit aufgenommen. Es ist üblich, dann vom (Ein-) Tor bzw. Zweitor zu sprechen. Auch hierfür werden Querverbindungen gezeigt, und so kann ein vollständiges Bild der Zusammenhänge gegeben werden. Besonders herausgestellt wird die Darstellungshilfe durch Pole und Nullstellen in einer komplexen p-Ebene (PN-Plan), und es werden Verknüpfungen sowohl zu den (Zeit- und Frequenz-) Charakteristiken als auch zu den Netzwerkfunktionen bzw. zu den Netzwerken selbst (bei niedergradigen Strukturen) besprochen. Auf Grund der bekannten PN-Plan-Aussagen gelingt eine übersichtliche Klassifizierung der Netzwerkfunktionen. Eine wichtige Rolle bei Anwendungen spielen Beziehungen zwischen Teil- und Gesamtfunktionen. Auf die Möglichkeiten,

— Integralbeziehungen und
— algebraische Beziehungen

dafür herzuleiten, wird in ausgewählten Fällen eingegangen. Nicht zu unterschätzen ist nach wie vor die Kenntnis der „klassischen“ Ergebnisse der Vierpoltheorie, wie sie z. B. von R. Feldtkeller [F 8] und W. Klein [K 2] dargestellt wurden [F 4], [P 1]. Wenn man mit diesem Rüstzeug vertraut ist, hat man schon Erfahrungen gesammelt, z. B. daß nur symmetrische oder antimetrische Reaktanzvierpole für bestmögliche Selektionsvierpole in Frage kommen, weil dazu ungerade oder gerade Drosselungscharakteristiken gehören. Um technologisch günstige Netzwerkvarianten auszuwählen, ist die Anwendung von Äquivalenztheoremen oft effektiv. Beginnend bei der Stern-Dreieck-Transformation, über die besonderen Sätze für aufbau- bzw. widerstandssymmetrische Schaltungen (Bartlett-Transformation), hat sich die Norton-Transformation als sehr leistungsfähig erwiesen. Durch Kenntnis der Regeln über die Umkehrung von Vierpolen können ebenfalls Ergebnisse multivalent genutzt werden. Schließlich haben sich die Übersetzervierpole als Elemente moderner Schaltungen bewährt. Als Dualübersetzer spielt der (zunächst in der Theorie als ideal angenommen) *Gyrator* eine große Rolle, da er streng in einer Zusammenschaltung mit einem C, wie in Abb. 2.16 skizziert, eine Induktivität L erzeugt. Aus der Leitwertmatrix ist erkennbar, daß der Gyrator grundsätzlich ein *passives* Element ist [T 10].

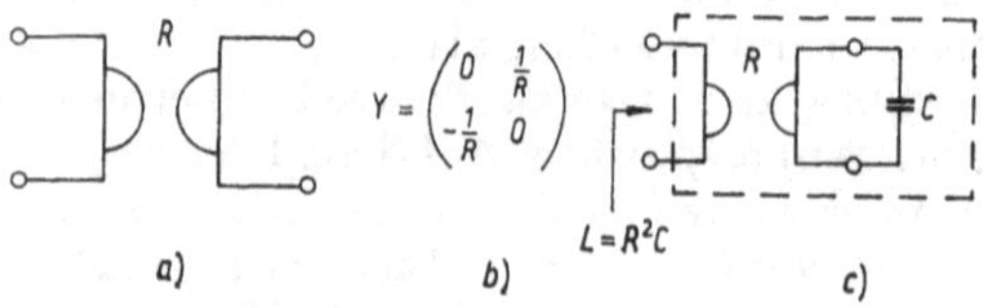

Abb. 2.16. Gyrator
a) Symbol
b) Leitwertmatrix
c) Gyrator-C-Zweipol

So gesehen gibt es bei Netzwerken bestehend aus R, L, C, idealen Übertragern und idealen Gyratoren keine Stabilitätsprobleme. *Praktisch* ist das anders, weil die näherungsweise Verwirklichung nur mit aktiven Elementen (meist Transistoren) gelingt.

Für eine vertiefte Betrachtung ist die Formulierung von Netzwerksätzen, von graphentheoretischen Methoden und von topologischen Eigenschaften zu empfehlen [C 1], [R 1], [U 2]. Explizit sollen hier der Satz von TELLEGEN und die BRUNEschen Pseudoenergiefunktionen erwähnt werden.

Ergänzungsliteratur:

Bücher: [B 1], [C 2], [F 1], [F 4], [F 7], [G 1], [G 2], [H 1], [K 2], [K 3], [M 1], [P 1], [R 2], [V 1], [W 1].

Aufsätze: [B 10], [B 11], [F 13], [M 10], [R 11], [T 11].

3. Netzwerksynthese (Entwurf)

3.1. Zweipolsynthese

3.1.1. Problematik

Aufbauend auf den im Einleitungsabschnitt 0.3. formulierten Grundsätzen heißt die Aufgabe:

Gegeben		Gesucht
Zweipol-Charakteristik	→ Zweipol-funktion	→ Zweipol (Struktur und Bemessung)

Mit Deutlichkeit tritt die Frage nach zulässigen *Zweipolfunktionen* hervor, für die bereits O. Brune 1931 [B 12] eine vollständige Antwort für lineare zeitinvariante passive Zweipole mit endlich vielen konzentrierten Elementen gegeben hat. Die vielfach bevorzugte Formulierung im Frequenzbereich läßt sich ebenso im Zeitbereich ausdrücken. Aus praktischen Gründen, z. B. wegen der einfachen Meßbarkeit und auch wegen dann nicht vorkommender theoretischer Schwierigkeiten, z. B. Approximation einer „komplexen Ortskurve" [U 2], gehen wir in dieser Einführung von *Vorschriften betreffend die Zweipolcharakteristiken* aus. Gewöhnlich sind die Aussagen in Form eines Toleranzfeldes vorgeschrieben. Dabei ist es praktikabel, wenn von Frequenzcharakteristiken ausgegangen wird, die Vorschrift mit einem Zweipol zu erfüllen, der eine minimale konjugierte Teilfunktion aufweist. Eine Zielstellung, die im Regelfall mit dem geringsten Aufwand korrespondiert.

Der eigentliche Entwurf kann durch

— die Approximation, d. h. durch die Annäherung einer Vorschrift (Funktion oder Toleranzfeld) durch eine zulässige Zweipolfunktion und durch

— die Realisierung, d. h. das Auffinden von (technisch einfach und toleranzunempfindlich ausführbaren) Zweipolen hinsichtlich Struktur und Bemessung,

gekennzeichnet werden.

Auf diese Weise können Zweipole in bestmöglicher Weise entworfen werden. Global gesehen, liegt eine oft mathematisch anspruchsvolle Aufgabe vor, die wir mit den vorgenannten Beschränkungen schließlich praxisorientiert und überschaubar lösen können. Zweckmäßig sind insbesondere „Analysekenntnisse" aus Abschn. 2. Die Frage der Toleranzunempfindlichkeit läßt sich zunächst bei passiven Netzwerken mittels Anschauung hinreichend zufriedenstellend beantworten.

3.1.2. Zweipolsiebschaltungen und Entzerrer

Um mit der Entwurfsproblematik an einem einfachen Fall vertraut zu werden, beginnen wir mit speziellen, sehr simplen Vorschriften und Schaltungen. Grundlage ist die in Abb. 3.1. skizzierte Anordnung, die nur scheinbar ein „Vierpolproblem" ist. Im Grunde bestimmt nur

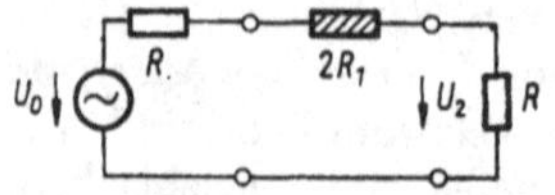

Abb. 3.1. Grundform einer Zweipolsiebschaltung

der frequenzabhängige „Längszweipol" die Siebwirkung, die in der Praxis zweckmäßig durch das Betriebsdämpfungsverhalten beschrieben wird. Die besondere Aufgabe besteht darin, aus „Punktvorschriften der Dämpfung" auf realisierende Strukturen zu schließen. Wegen der einfachen Umstände gelingt das in einer sehr praktischen Form. Gleichzeitig wird deutlich, daß sich die

Realisierungen in einer gewissen Vielfalt präsentieren. Im vorliegenden Fall können aus der gewählten Grundform auch „frequenzabhängige Dämpfungs-Netzwerke mit konstanten Betriebswiderständen" entwickelt werden, die als *Dämpfungsentzerrer* eine ganz bestimmte Rolle bei praktischen Einrichtungen der Nachrichten-, Meß- und Regeltechnik spielen.

3.1.2.1. Zweipolsiebschaltungen mit frequenzabhängigen Betriebswiderständen

Es ist evident, daß mit Reaktanzelementen zwischen sende- und empfangsseitigen Wirkwiderständen die beste Selektion erzielbar ist. Für die Grundform, wie in Abb. 3.1 skizziert, definieren wir folglich

> Zweipol-Siebschaltungen sind die einfachsten Siebschaltungen, deren Grundform — mit frequenzabhängigen Betriebswiderständen — durch eine „Zweipol-Längsreaktanz" zwischen zwei reellen und gleichgroßen Abschlußwiderständen realisiert wird.

Falls $2R_1 = j2X$ eine reine Reaktanz ist, gilt

$$\left|\frac{U_0}{2U_2}\right|^2 = e^{2A_B(\omega)} = 1 + D^2(\omega) = 1 + \frac{|X(\omega)|^2}{R^2} \tag{3.1}$$

bzw.

$$D(\omega) = \frac{|X(\omega)|}{R} \tag{3.2}$$

oder in Worten

> $D(\omega)$ ist direkt proportional $|X(\omega)|$.

$D(\omega)$ ist damit eine denkbar einfache Funktion, während $A_B(\omega)$ wesentlich komplizierter ausfällt.

Wenn wir für

$$-\ 2R_1 = j\omega\, L_{TP} = \text{Tiefpaßform},$$

$$-\ 2R_1 = \frac{1}{j\omega\, C_{HP}} = \text{Hochpaßform},$$

$$-\ 2R_1 = j\omega L_R + \frac{1}{j\omega\, C_R} = \text{Bandpaßform und}$$

$$-\ 2R_1 = \frac{1}{j\omega C_{PS} + \dfrac{1}{j\omega L_{PS}}} = \text{Bandsperrenform} \qquad (3.3)$$

einsetzen (das sind die einfachsten Reaktanzzweipole, die wir kennen), so erhalten wir Charakteristiken der Betriebsdämpfung und Schaltungsvarianten, wie in den Tafeln 3.1 und 3.2 skizziert. Da auch die jeweils widerstandsdualen Anordnungen — bezogen auf den „entarteten Vierpol" — hinsichtlich der Betriebsdämpfung invariant sind, wurden zusätzlich diese Aufbauten (jeweils als zweite Zeile) mit aufgenommen. Beim Vergleich erkennen wir, daß z. B. die TP-Schaltung mit einem Quer-C oder die BP-Schaltung mit einem Parallelkreis im Querzweig besonders praktisch sind, weil im ersten Fall eine spulenlose Struktur und im zweiten Fall ein meist günstiger realisierbarer Parallelkreis vorkommen. Die durch (3.1) und (3.2) festgelegten Relationen ermöglichen auf Grund der Vorgabe eines „Frequenzpunktes $A_{B\max}/\omega_g$ und der Einbettungswiderstände R bei BP bzw. BS zusätzlich einer Maßzahl für die „Bandbreite", d. h. $\omega_g - \omega_{-g}$, eine angepaßte Schaltungsbemessung.

(Die Nachrechnung der Entwurfsgesetze wird dem Leser als Übung empfohlen, da die Zusammenhänge gut geeignet sind, Grundlagenkenntnisse zu erproben). Abschließend ist festzustellen, daß wir auf Grund von Dämpfungsvorschriften (betr. die *Durchlaßbereiche* im TP-, HP- und BP-Fall bzw. den *Sperrbereich* im BS-Fall)

Tafel 3.1. Entwurfsgesetze für TP u. HP als Zweipolsiebschaltungen

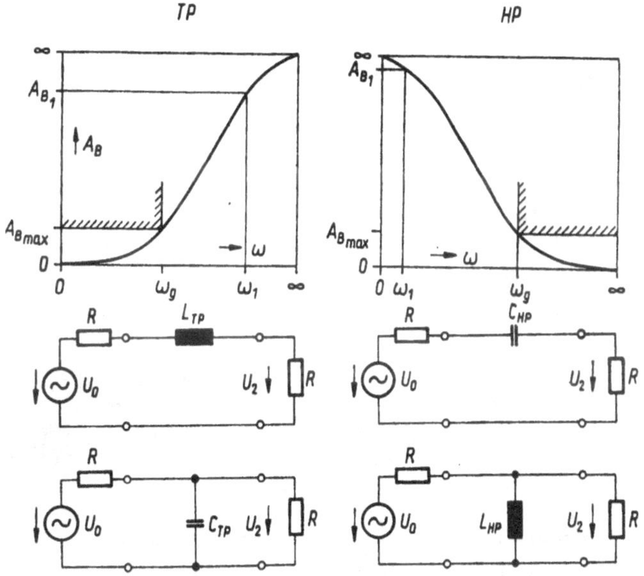

TP	HP
Gegeben: $A_{B_{max}}$, ω_g, R	Gegeben: $A_{B_{max}}$, ω_g, R
Gesucht: L_{TP} bzw. C_{TP}	Gesucht: C_{HP} bzw. L_{HP}
Lösung: $D(\omega) = \dfrac{\omega L_{TP}}{2R}$	Lösung: $D(\omega) = \dfrac{1}{\omega 2RC_{HP}}$

und bei $A_{B_{max}}$

$L_{TP} = \dfrac{2R\sqrt{e^{2A_{B_{max}}} - 1}}{\omega_g} = R^2 C_{TP}$	$C_{HP} = \dfrac{1}{2\omega_g R\sqrt{e^{2A_{B_{max}}} - 1}} = \dfrac{L_{HP}}{R^2}$

sowohl die Struktur als auch die Bemessung für jeweils zwei zugehörige Zweipolsiebschaltungen nennen können. Weitere Vorgaben, z. B. eine bestimmte zusätzliche Selektionsforderung A_{B_1} bei einem willkürlichen ω_1 können nicht berücksichtigt werden, weil durch den elementaren

Tafel 3.2. Entwurfsgesetze für BP u. BS als Zweipolsiebschaltungen

7208

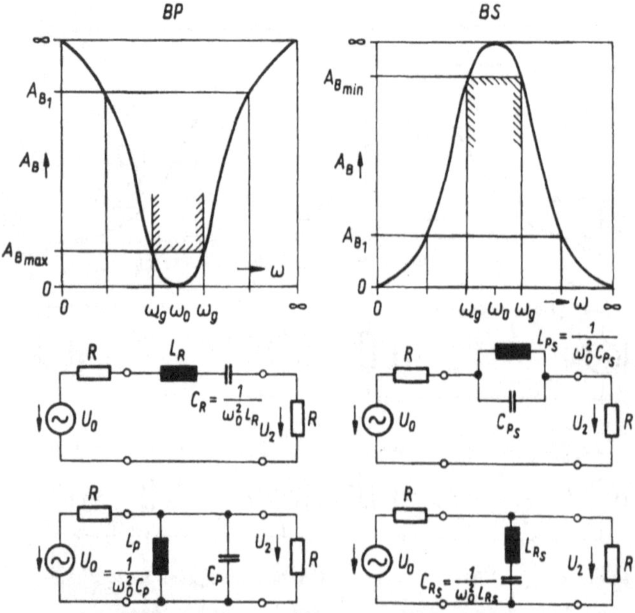

Gegeben: $A_{B\max}$, ω_{-g}, ω_g, R

Gesucht: L_R bzw. C_P

Lösung: $D(\omega) = \frac{L_R}{2R}\left|\frac{\omega}{\omega_0} - \frac{\omega_0}{\omega}\right|$

Gegeben: $A_{B\min}$, ω_{-g}, ω_g, R

Gesucht: C_{P_S} bzw. L_{R_S}

Lösung: $D(\omega) = \frac{1}{2C_{P_S}R\left|\frac{\omega}{\omega_0} - \frac{\omega_0}{\omega}\right|}$

mit

$$\omega_0^2 = \omega_{-g}\omega_g = \omega_{-1}\omega_1$$

$$L_R = \frac{2R}{\omega_g - \omega_{-g}}\sqrt{e^{2A_{B\max}} - 1} = C_P R^2$$

$$C_{P_S} = \frac{1}{2R(\omega_g - \omega_{-g})\sqrt{e^{2A_{B\min}} - 1}} = \frac{L_{R_S}}{R^2}$$

Aufbau der Schaltungen (ein oder zwei verlustlose Reaktanzelemente sind nur wirksam) keine weiteren Freiheitsgrade verfügbar sind.

Daß es sich selbst in diesen einfachen Fällen noch um „Modelle“ handelt, wolle der Leser aus dem abschließenden Beispiel erkennen.

Beispiel 3.1

Gegeben: $A_{B\min} = 40\ \mathrm{d}B$, $\omega_{-g} = 800$ Hz, $\omega_g = 1200$ Hz, $R = 1\ \mathrm{k}\Omega$

Gesucht: Bandsperre als Zweipolsiebschaltung
Welche größte Dämpfung wird erreicht bei einer Kreisgüte $Q = 40$?

Lösung: Mit den Bemessungsvorschriften nach Tafel 3.2 gilt

$$A_{B\min} = 40\ \mathrm{dB} \quad \text{entspricht} \quad A_{B\min}/\mathrm{Np} = \frac{\ln 10}{20}\, A_{B\min}/\mathrm{dB}$$

$$= 4{,}6\ \mathrm{Np}$$

und damit

$$D_{\min} = \sqrt{\mathrm{e}^{2A_{B\min}} - 1} = 100.$$

Schließlich

$$C_{P_s} = \frac{1}{2R(\omega_g - \omega_{-g})\, D_{\min}} = \frac{1}{2 \cdot 10^3\, 2\pi \cdot 0{,}4 \cdot 10^3 \cdot 100}\ \mathrm{F} = 2\ \mathrm{nF},$$

$$L_{P_s} = \frac{1}{\omega_{-g}\omega_g \cdot C_{P_s}} = \frac{1}{(2\pi)^2\, 0{,}8 \cdot 1{,}2 \cdot 10^6\, 2 \cdot 10^{-9}}\ \mathrm{H} = 12{,}7\ \mathrm{H}.$$

Die „Dämpfungsspitze“ tritt bei $f_0 = \sqrt{f_{-g} f_g} = 980$ Hz auf, und weil bei Resonanz noch der endliche Widerstand $R'' = \dfrac{Q}{\omega_0 C_{P_s}} = 3{,}25\ \mathrm{M}\Omega$ wirksam ist, gilt mit

$$D_{\omega_0} = \frac{R''}{2R} = 1625$$

$$A_{B\omega_0} \approx 20 \lg D_{\omega_0} = 63{,}2\ \mathrm{dB} \quad \text{statt} \quad \infty\ \mathrm{dB}$$

Außerdem wird an den Sperrfrequenzen f_{-g} und f_g dadurch auch nicht ganz der Sollwert von 40 dB erreicht. Bei praktischen Aufgaben empfiehlt es sich deshalb, mit einer „Reservedämpfung“ zu rechnen.

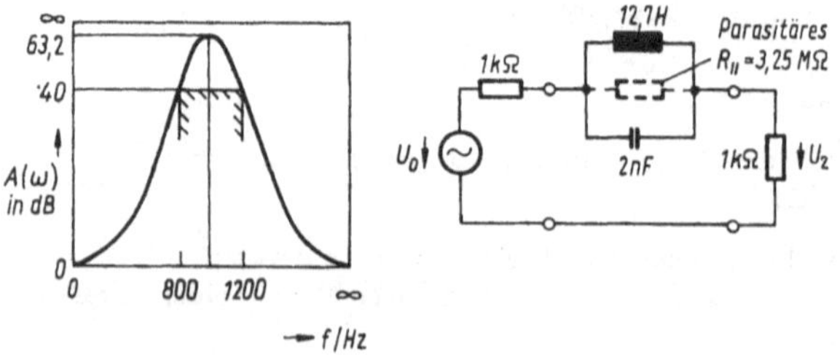

Abb. 3.2. Tatsächlicher Betriebsdämpfungsverlauf und tatsächliche Schaltung im Beispielfall

3.1.2.2. *Zweipolsiebschaltungen mit reellen und konstanten Betriebswiderständen*

Für die reflexionsfreie Anpassung eines Vierpols an reelle und konstante Abschlußwiderstände ist es notwendig, Schaltungen mit ebensolchen Betriebswiderständen zu finden. Bei Übertragung in nur einer Richtung, z. B. im Vorwärtsbetrieb, genügt es schon, wenn nur ein Betriebswiderstand (d. h. hier Z_1) diese Zusatzbedingung einhält.

Dimensionierung von π- und T-Halbgliedern

Die einfachsten Formen (als Strukturen **3** und **4** in Tafel 3.3 geführt) lassen sich als Abzweigschaltungen verwirklichen. Wie sich durch elementare Nachrechnung zeigen läßt, kann durch die Bemessung des zusätzlichen Querzweiges als Reihenschaltung von R und R_2 in der Form **3** bzw. des zusätzlichen Längszweiges als Parallel-

Tafel 3.3. Schaltungen mit gleichen Betriebsübertragungseigenschaften

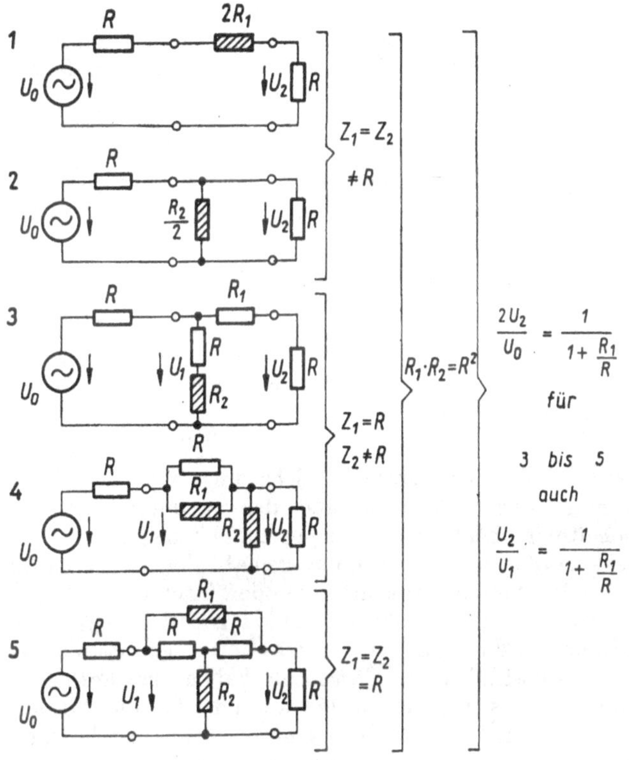

Bezeichnung: —▨— ≙ LC-oder RLC-Zweipole

schaltung von R und R_2 in der Form 4 das gewünschte

$$Z_1 = R \tag{3.4}$$

verifiziert werden. (Die Ergebnisse von Abb. 2.5a sind direkt übertragbar.)

(3.4) erzwingt, wie leicht nachgeprüft werden kann,

$$R_1 R_2 = R^2 \tag{3.5}$$

oder duale frequenzabhängige Widerstände. (Man beachte, daß bereits der Übergang von **1** zu **2** ebenfalls auf (3.5) als Nebenbedingung führt.)

Dimensionierung der überbrückten T-Schaltung

Bezugnehmend auf Beispiel 2.2 (Abb. 2.3) ist bekannt, daß nach (2.4a) die Betriebswiderstände einer solchen entnormierten Struktur

$$Z_1 = Z_2 = R \quad \text{bei} \quad R_1 R_2 = R^2 \tag{3.6a}$$

und der Betriebsübertragungsfaktor wegen (2.4b)

$$\frac{2U_2}{U_1} = \frac{U_2}{U_1} = \frac{1}{1 + \frac{R_1}{R}} \tag{3.6b}$$

wird, d. h., diese spezielle Schaltung hat (wegen des symmetrischen Aufbaus und der symmetrischen Beschaltung) beiderseitig frequenzunabhängige Betriebswiderstände und übertragungsgemäß gleiches Verhalten wie alle anderen Strukturformen der Tafel 3.3.

Praktisch heißt das: Alle mit **1** realisierbaren Übertragungsfunktionen sind auch mit den Strukturen **2**···**5** verwirklichbar. Zusätzlich haben die Formen **3** und **4** „einseitig" einen konstanten und die Form **5** „beiderseitig" einen konstanten Betriebswiderstand. Umwandlungen und Bemessungen können der Tafel 3.3 anwendungsbereit und sehr einfach entnommen werden.

Es bereitet keine Komplikationen, wenn $2R_1$ als kopplungsfreier *RLC-Zweipol* aufgefaßt wird. In diesem Fall geht (3.1) in

$$\left|\frac{U_0}{2U_2}\right|^2 = e^{2A_B(\omega)} = 1 + D^2(\omega) = \left|1 + \frac{R_1}{R}\right|^2 \tag{3.1a}$$

über und (3.2) wird ungültig. Dieser Sachverhalt ist typisch für *Dämpfungs-Entzerrerschaltungen*.

Beispiel 3.2

Vertrautwerden mit dem Entwurf eines bandpaßartigen Dämpfungsentzerrers mit vorgeschriebenen Frequenzpunkten und einem beiderseitig konstanten und reellen Betriebswiderstand R.

Gegeben: Betriebsdämpfungsvorschrift, wie in Abb. 3.3a skizziert, mit einer Dämpfung A_{B_0} bei $\omega = 0$ und ∞ und einer Dämpfung A_{B_1} bei ω_{-1} und ω_1, außerdem $A_B = 0$ für $\omega_0 = \sqrt{\omega_{-1}\omega_1}$ (= geometrisch-symmetrische 5-Punkte-Vorschrift als Interpolationsproblem)

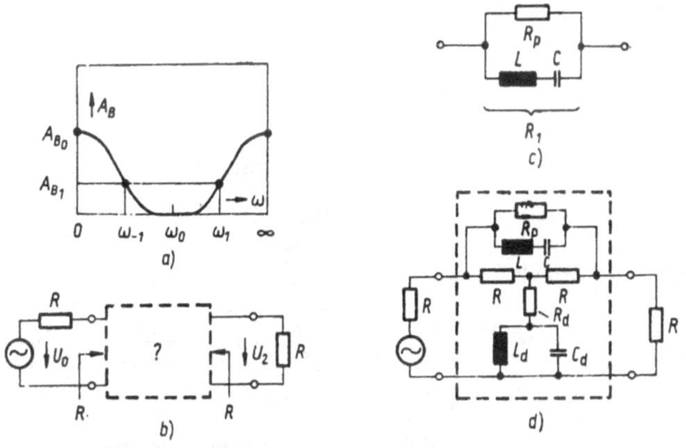

Abb. 3.3. Bandpaßartiger Dämpfungsentzerrer
a) „Punkt"-Vorschriften
b) Betriebsanordnung
c) Mögliche R_1-Struktur
d) Entzerrer mit konstanten Betriebswiderständen

Gesucht: Struktur und Bemessung einer Vierpolschaltung mit durchgehender Erde, die diese Vorgaben befriedigt

Lösung: Diese typische Entzerreraufgabe kann nach einfachen Überlegungen durch eine R_1-Struktur, wie in Abb. 3.3c dargestellt, befriedigt werden. Damit gilt

$$\left|\frac{U_0}{2U_2}\right|^2 = \left|1 + \frac{R_1}{R}\right|^2 = 1 + D^2$$

mit

$$D^2 = \frac{(1+2\alpha)\left(\frac{\omega}{\omega_0} - \frac{\omega_0}{\omega}\right)^2}{\alpha^2\left(\frac{\omega}{\omega_0} - \frac{\omega_0}{\omega}\right)^2 + \beta},$$

wenn als Abkürzungen die Parameter $\alpha = \frac{R}{R_p}$ und $\beta = R^2 \frac{C}{L}$ eingeführt werden.
Aus

$$D_0^2 = e^{2A_{B_0}} - 1 = \frac{1+2\alpha}{\alpha^2} \text{ bei } \omega = 0$$

erhalten wir durch Auflösen der quadratischen Gleichung das positive

$$\alpha = \frac{1}{e^{A_{B_0}} - 1} = \frac{R}{R_p}$$

und für β mit α, ω_{-1}, ω_1 und D_1 als Parameter

$$\beta = R^2 \frac{C}{L} = R^2\omega_0^2C^2 = \frac{\omega_1 - \omega_{-1}}{\omega_0^2}\left(\frac{1+2\alpha}{D_1^2} - \alpha^2\right)$$

oder, umgestellt nach den gesuchten Schaltelementen,

$$C = \frac{\omega_1 - \omega_{-1}}{\omega_0^2 R}\sqrt{\frac{1+2\alpha}{D_1^2} - \alpha^2} = \frac{1}{\omega_0^2 L}$$

mit $D_1^2 = e^{2A_{B_1}} - 1$

Abb. 3.3d zeigt die tatsächliche Schaltung (hergeleitet aus 5 in Tafel 3.3) mit

$$R_d = \frac{R^2}{R_p},\ L_d = R^2C \quad \text{und} \quad C_d = \frac{L}{R^2}.$$

3.1.3. Zulässige Zweipolfunktionen

Wie wir aus dem Einleitungsabschnitt wissen, besteht die Aufgabe der Zweipolsynthese darin, eine vorgeschriebene komplexe Frequenzfunktion $N(p)$, d. h. praktisch $Z(p)$ oder $Y(p)$, zu approximieren und zu realisieren. Eine Kernfrage ist damit: Welche $N(p)$ sind zulässige Funktionen? (Weil $N(p)$ sehr anschaulich das System charakterisiert, werden Bedingungen dafür im Bildbereich formuliert. Völlig gleichwertig sind natürlich auch solche Angaben im Zeitbereich möglich.) Um zu übersichtlichen Resultaten zu gelangen, beschränken wir uns in dieser Einführung grundsätzlich auf stabile, lineare, zeitinvariante, kausale und passive Zweipolsysteme mit konzentrierten Schaltelementen.

Wir sprechen von *Positiven Funktionen* (PF), wenn die Fundamentaleigenschaften

1. $N(p) =$ reell für reelle p, d. h. $N(\sigma) =$ reell und
2. $\operatorname{Re} N(p) \geqq 0 \quad \text{für} \quad \operatorname{Re} p \geqq 0$ (3.7)

von einer $Z(p)$-Funktion erfüllt werden. Die 1. Bedingung ist notwendig, weil nur Systeme mit reellen und konstanten Koeffizienten in den zugehörigen Dgl. zugelassen werden. Die 2. Bedingung wird verständlich, wenn wir uns erinnern, daß ein passives System eine Wirkleistung

$$P = |I|^2 \operatorname{Re} Z(j\omega) \geqq 0 \quad \text{bei} \quad N(j\omega) = Z(j\omega) \tag{3.8a}$$

aufnimmt. Bei der Annahme „gleichmäßig verteilter" Verluste ist eine Schreibweise

$$\operatorname{Re} N(\alpha + j\omega) \geqq 0 \quad \text{mit} \quad \alpha \geqq 0 \tag{3.8b}$$

möglich. Setzen wir $\sigma = \alpha$, so wird dadurch die vorgenannte 2. Bedingung verifiziert.

In den von uns bevorzugten Fällen bestehen die Systeme aus konzentrierten Schaltelementen. Dadurch treten Grundformen der Art

1. $N(p) = Lp$ mit $\operatorname{Re} Lp = L\sigma \geqq 0$ für $\sigma \geqq 0$
2. $N(p) = R$ (3.8c)
3. $N(p) = \dfrac{1}{Cp} \quad \text{mit} \quad \operatorname{Re} \dfrac{1}{Cp} = \dfrac{\sigma}{C(\sigma^2 + \omega^2)} \geqq 0$

   für $\sigma \geqq 0$

auf, die bei positiven Schaltelementegrößen offenbar *rationale* PF sind. Gleiches trifft für beliebige Summenkombinationen aus solchen Elementen zu.

Wenn einfach stabile und kausale Netzwerke gefordert werden (s. Tafel 1.6), ist es notwendig, daß für

$$N(p) = \frac{\sum_{\mu=0}^{m} a_\mu p^\mu}{\sum_{\nu=0}^{n} b_\nu p^\nu} \tag{3.8d}$$

1. $|m - n| = 1$ gilt und,

2. $N(p)$ in der rechten p-Halbebene keine Pole aufweist. (Pole auf der $j\omega$-Achse müssen einfach sein und ein positives Residuum besitzen).

Diese Teilresultate zusammenfassend gelangen wir zu dem Schluß:

Eine rationale Funktion mit

$$N(p) = \frac{\sum_{\mu=0}^{m} a_\mu p^\mu}{\sum_{\nu=0}^{n} b_\nu p^\nu} \qquad a_\mu,\ b_\nu \text{ reell positiv und konstant} \tag{3.8}$$

ist dann und nur dann eine zulässige *RLCü*-Zweipolfunktion, wenn

1. alle Koeffizienten reell und positiv sind und der Gradunterschied zwischen Zähler und Nenner maximal 1 ist,

2. keine Pole in der rechten Halbebene liegen und die rein imaginären Pole einfach sind und ein reelles positives Residuum besitzen,

3. der Realteil von $N(p)$ für alle reellen Frequenzen ω nicht negativ wird.

Da wir eine Funktion

— rational nennen, wenn ihre Zähler- und Nennerpolynome durch natürliche Potenzen von p ausgedrückt werden können,

— reell nennen, wenn für reelle p ein reellwertiger Ausdruck entsteht und

— positiv nennen, wenn für $\operatorname{Re} p \geqq 0$ die Funktion einen positiven Realteil besitzt,

können wir zusammenfassend in Worten formulieren.

Satz 3.1.

Jede rationale, reelle und positive Immittanzfunktion (d. h. Widerstands- oder Leitwertfunktion) ist eine zulässige *RLCü*-Zweipolfunktion.

Die eben genannten notwendigen und hinreichenden Bedingungen lassen sich — immer für einen Überblick und genau für niedergradige Funktionen — durch Verteilungsgesetze der Pole und Nullstellen in der komplexen p-Ebene (PN-Geometrie) beschreiben. Ganz typisch ist der Sachverhalt, daß sich die Pole und Nullstellen „trennen" müssen, d. h., z. B. jeder Pol wird von einer Nullstelle „beschattet". (Beispiele dafür sind die Verteilungen bei *LC*-Zweipolen — abwechselnd P und N auf der imaginären Achse —; bei *RC*-Zweipolen — abwechselnd P und N auf der negativen reellen Achse —; beim technischen Schwingkreis mit verlustbehafteter Spule parallel zum Kondensator — die reelle Nullstelle des komplexen Scheinwiderstandes hat genau den zweifachen Wert des Realteils der Pole. Abb. 3.4 zeigt diese Anordnungen.

Aus den analytischen Bedingungen läßt sich eine ganze Reihe gut einprägsamer „Eigenschaftssätze" herleiten.

Herausragend sind der maximal zulässige Gradunterschied von 1 zwischen Zähler- und Nennerfunktion, die Beschränkung auf die Verteilung der P und N in der linken Halbebene und ein Winkelwert für imaginäre $p = j\omega$ von

$$-\frac{\pi}{2} \leqq \operatorname{arc} N(j\omega) \leqq +\frac{\pi}{2}. \tag{3.10}$$

Schon diese wenigen Charakteristika lassen in zahlreichen praktischen Fällen eine nützliche Vorentscheidung zu, da die allgemeine Nachprüfung u. U. viel Aufwand und Zeit verlangt.

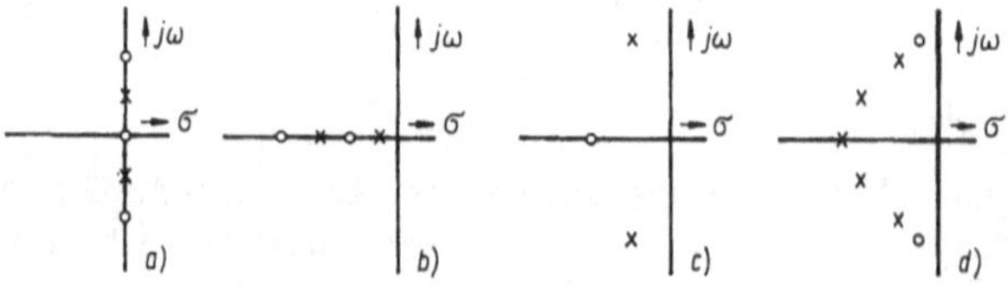

Abb. 3.4. PN-Pläne für Widerstandsfunktionen $Z(p)$

a) LC-Zweipol
b) RC-Zweipol
c) RLC-Zweipol
d) nichtzulässiger Fall

Um das Prinzip trotzdem kennenzulernen, besprechen wir die Grundzüge der Testmethoden und erproben sie an einigen Beispielen.

Praktische Testmethoden

Unsere Frage lautet: Wie können wir vorgegebene Zweipolfunktionen auf ihre Positivität prüfen?

Prüfung eines Polynoms auf negative oder verschwindende Realteile. Natürlich ist es unser Wunsch, ohne die Pole der Funktion im einzelnen zu bestimmen, möglichst bald zu entscheiden, ob eine rationale positive Funktion vorliegt oder nicht. Dazu können wir mit Vorteil das Hurwitz-Kriterium heranziehen.

Aus der Mathematik ist bekannt [L 3], daß ein Polynom

$$\begin{aligned} A(p) &= b_n p^n + b_{n-1} p^{n-1} + \cdots + b_1 p + b_0 \\ &= A_g(p) + A_u(p) \end{aligned} \tag{3.11}$$

ein HURWITZ-*Polynom* (H-Polynom) genannt wird, wenn

1. $A(p)$ reell ist für reelle p.

2. Die Wurzeln von $A(p)$ Realteile haben, die (Null oder)[1]) negativ sind.

Um zu entscheiden, ob ein beliebiges $A(p)$ diesen Einschränkungen genügt, können wir am einfachsten eine Kettenbruchentwicklung durchführen, d. h. den Quotienten

$$\frac{A_g(p)}{A_u(p)} \text{ oder den Quotienten } \frac{A_u(p)}{A_g(p)} \tag{3.12}$$

als

$$k_1 p + \cfrac{1}{k_2 p + \cfrac{1}{k_3 p + \cfrac{1}{k_4 p + \cdots \ddots + \cfrac{1}{k_n p}}}}$$

darstellen, und prüfen, ob alle k_ν *positiv* werden. (Dabei sind einige Besonderheiten zu beachten: Durch jeden Rechenschritt in (3.12) wird im allgemeinen ein Grad der Funktion abgebaut. Kürzen sich Faktoren heraus, so ist zu prüfen, ob diese nur Wurzeln mit verschwindendem oder negativem Realteil haben. Wenn $A_g(p)$ oder $A_u(p)$ Null sind, können wir die Kettenbruchentwicklung an dem Quotienten $\frac{A(p)}{A'(p)}$ in gleicher Weise durchführen.)

Beispiel 3.3

Gegeben: $A(p) = p^4 + p^3 + 5p^2 + 3p + 4$

Gesucht: Entscheidung, ob $A(p)$ ein H-Polynom ist oder nicht?

---

1) Null schließen wir hier als „Grenzfall" mit ein. Nicht einheitlich in der Literatur.

Lösung: Mit $A_g(p) = p^4 + 5p^2 + 4$ und $A_u(p) = p^3 + 3p$ gilt nach dem Rechenschema

$$
\begin{array}{l}
:(p^3 + 3p)\ (p^4 + 5p^2 + 4)\ \Big(p \\
\qquad\qquad\quad \underline{p^4 + 3p^2 \qquad\qquad\qquad} \\
\qquad\qquad\quad :(2p^2 + 4)\ (p^3 + 3p)\ \Big(\dfrac{p}{2} \\
\qquad\qquad\qquad\qquad\qquad\ \underline{p^3 + 2p \qquad\qquad} \\
\qquad\qquad\qquad\qquad\qquad\quad :(p)\ (2p^2 + 4)\ (2p \\
\qquad\qquad\qquad\qquad\qquad\qquad\qquad \underline{2p^2 \qquad\qquad} \\
\qquad\qquad\qquad\qquad\qquad\qquad\qquad :(4)\ (p)\ \Big(\dfrac{p}{4},
\end{array}
$$

also

$$\frac{A_g(p)}{A_u(p)} = p + \cfrac{1}{\cfrac{p}{2} + \cfrac{1}{2p + \cfrac{1}{\cfrac{p}{4}}}}$$

d. h., alle k_v sind positiv und damit ist $P(p)$ ein H-Polynom.

Beispiel 3.4

Gegeben: $A(p) = p^7 + 2p^6 + 2p^5 + p^4 + 4p^3 + 8p^2 + 8p + 4$

Gesucht: Entscheidung, ob $A(p)$ ein H-Polynom ist oder nicht?

Lösung: Für $\dfrac{A_u(p)}{A_g(p)}$ gilt mit

$$
\begin{array}{l}
:(2p^2 + p^4 + 8p^2 + 4)\ (p^7 + 2p^5 + 4p^3 + 8p)\ \Big(\dfrac{p}{2} \\
\qquad\qquad\qquad\qquad\qquad \underline{p^7 + \dfrac{1}{2}\,p^5 + 4p^3 + 2p \qquad\qquad} \\
\qquad\qquad\qquad\qquad\qquad\quad :\Big(\dfrac{3}{2}p^5 + 6p\Big) \\
\qquad\qquad\qquad\qquad\qquad\quad \times\ (2p^6 + p^4 + 8p^2 + 4)\ \Big(\dfrac{4}{3}p \\
\qquad\qquad\qquad\qquad\qquad\qquad \underline{2p^6 + 8p^2 \qquad\qquad\qquad\quad} \\
\qquad\qquad\qquad\qquad\qquad\qquad\quad :(p^4 + 4)\ \dfrac{3}{2}p\ (p^4 + 4)
\end{array}
$$

$$\frac{A_u(p)}{A_g(p)} = \frac{p}{2} + \cfrac{1}{\cfrac{4}{3}p + \cfrac{1}{\cfrac{3}{2}p\,\cfrac{p^4+4}{p^4+4}}}$$

d. h., der herauskürzbare Faktor $(p^4 + 4) = (p^2 + 2p + 2) \times (p^2 - 2p + 2)$ hat positive Wurzeln. Damit ist $A(p)$ *kein* H-Polynom.

Prüfung auf Realteil von $N(j\omega)$ größer oder gleich Null. Am umständlichsten ist in der Praxis die 3. Bedingung von (3.8) nachzuweisen, d. h. der Test $\operatorname{Re} N(j\omega) \geqq 0$ für alle ω.

Nach Tafel 2.2 genügt es, den Zähler von $\operatorname{Re} N(j\omega)$, d. h. bei

$$N(j\omega) = \frac{A_g(\omega) + jA_u(\omega)}{B_g(\omega) + jB_u(\omega)}$$

den Ausdruck

$$A_g(\omega)\, B_g(\omega) - A_u(\omega)\, B_u(\omega) \geqq 0 \tag{3.13}$$

zu untersuchen, da der Nenner von $\operatorname{Re} N(j\omega)$ gemäß Rechenvorschrift stets positiv ausfällt.

Insbesondere ist einleuchtend, daß (3.13) bei der Gültigkeit des Gleichheitszeichens außer komplexen Wurzeln nur reelle Doppelwurzeln besitzen darf, da einfache reelle Wurzeln einen „Nulldurchgang" erzwingen, der nicht zulässig ist.

Aus der Mathematik ist bekannt, daß mit Hilfe des Sturm*schen Algorithmus* [S 2] (3.13) vorteilhaft auf Vorzeichenwechsel untersucht werden kann. Dieses Rechenschema ist i. a. zu empfehlen. Einzelheiten s. z. B. [T 1].

Beispiel 3.5

$$\text{Gegeben: } N(p) = \frac{2p^2 + \frac{3}{2}p + \frac{5}{2}}{p^2 + p + \frac{1}{2}}$$

Gesucht: Entscheidung, ob $N(p)$ eine rationale PF ist oder nicht?

Lösung: $N(p)$ ist reell für reelle p, hat keinen Gradunterschied zwischen Zähler und Nenner und nur negative Nenner- und Zählerwurzeln. Für die Realteilabhängigkeit gilt

$$\operatorname{Re} N(j\omega) = \frac{\left(\frac{5}{2} - 2\omega^2\right)\left(\frac{1}{2} - \omega^2\right) + \frac{3}{2}\,\omega\omega}{\left(\frac{1}{2} - \omega^2\right)^2 + \omega^2}$$

$$= \frac{2\omega^4 - 2\omega^2 + \frac{5}{4}}{\omega^4 + \frac{1}{4}},$$

und wegen $\left(2\omega^4 - 2\omega^2 + \frac{5}{4}\right) = 2\left(\omega^2 - \frac{1}{2}\right)^2 + \frac{3}{4}$ wird der Zähler stets $\geqq \frac{3}{4}$, also ist $N(p)$ eine rationale positive Funktion und damit eine zulässige Zweipolfunktion.

Spezielle Eigenschaften wichtiger Zweipolfunktionen

Es ist sehr praktisch, vorgegebene Zweipolfunktionen auf spezielle Eigenschaften zu untersuchen. Wenn möglich, sind „Vereinfachungsregeln", wie in Abschn. 2.8 erläutert, anzuwenden. Zusätzlich empfiehlt es sich, zu beachten, daß bei einer „gedachten Zerlegung" von

$$Z(p) = \frac{\sum\limits_{\mu} A_\mu(p)}{\sum\limits_{\nu} B_\nu(p)} \tag{3.14}$$

der Zähler durch μ-Serienelemente und der Nenner durch ν-Parallelelemente charakterisiert werden. Bei niedergradigen Funktionen kann diese Überlegung äußerst rationell sein.

Beispiel 3.6

Gegeben: $Z(p) = \dfrac{a_1 p}{b_0 + b_1 p + p^2}$

Gesucht: Zugehöriger Zweipol?

Lösung: Wir erkennen, daß $Y(p) = \dfrac{b_0}{a_1 p} + \dfrac{b_1}{a_1} + \dfrac{p}{a_1}$ die Parallelschaltung dreier Teilleitwerte repräsentiert. Dazu gehört eine Schaltung, wie in Abb. 3.5 skizziert.

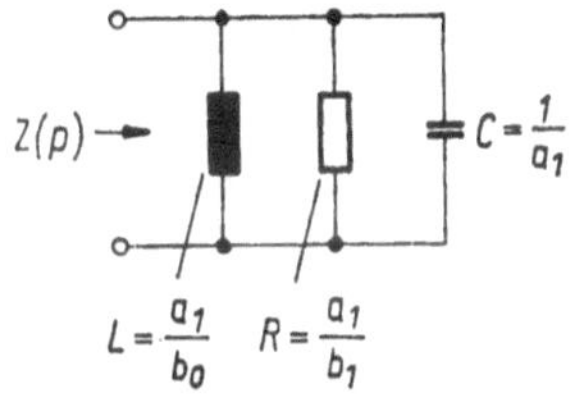

Abb. 3.5. Realisierung $Z(p)$ im Beispiel 3.6.

Beispiel 3.7

Gegeben: $Z(p) = \dfrac{a_1 p + a_2 p^2}{b_1 p + p^2}$

Gesucht: Zugehöriger Zweipol?

Lösung: Denkbar ist die Zerlegung in

$$Z(p) = Z_1(p) + Z_2(p) = \frac{a_1 p}{b_1 p + p^2} + \frac{a_2 p^2}{b_1 p + p^2}$$

mit

$$Y_1(p) = \frac{b_1}{a_1} + \frac{p}{a_1} \text{ und } Y_2(p) = \frac{b_1}{a_2 p} + \frac{1}{a_2}.$$

Damit ist der gesuchte Zweipol ebenfalls bekannt. (Deutung s. Abb. 3.6).

Eigenschaften von LC-Zweipolen

Da *LC*-Zweipole keine Wirkleistung aufnehmen, gilt

$$\operatorname{Re} Z_{LC}(j\omega) = 0 = \left.\frac{A_g B_g - A_u B_u}{B_g^2 - B_u^2}\right|_{p=j\omega} \tag{3.15}$$

eine Gleichung, die nur bestehen kann, wenn entweder

$$A_g = 0 = B_u \quad \text{bzw.} \quad Z_{LC}(p) = \frac{A_u(p)}{B_g(p)} \tag{3.15a}$$

oder

$$B_g = 0 = A_u \quad \text{bzw.} \quad Z_{LC}(p) = \frac{A_g(p)}{B_u(p)}$$

geschrieben werden kann. In Worten heißt das:

1. $Z_{LC}(p)$ oder $Y_{LC}(p)$ ist der Quotient eines ungeraden durch ein gerades Polynom oder umgekehrt und

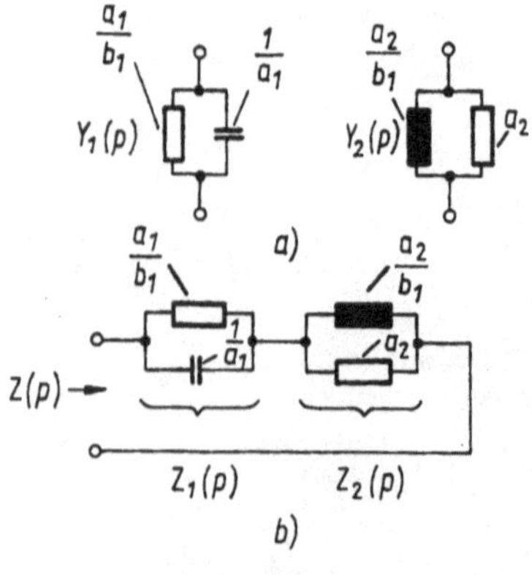

Abb. 3.6. Realisierung für $Z(p)$ im Beispiel 3.7.

2. Da die A_g, B_g, A_u und B_u HURWITZ-Polynome sind, haben sie nur rein imaginäre Wurzeln. Oder die Pole und Nullstellen von Z_{LC} bzw. Y_{LC} sind einfach und liegen alle auf der $j\omega$-Achse.

Daraus können wir die in Tafel 3.4 notierten weiteren Eigenschaften herleiten, die zusätzlich an einem speziellen Beispiel erläutert werden.

Tafel 3.4. Eigenschaften von *LC*-Zweipolen

$Z_{LC}(p)$ bzw. $Y_{LC}(p)$ sind darstellbar in den Formen

$$\left.\begin{matrix} Z_{LC}(p) \\ Y_{LC}(p) \end{matrix}\right\} = H \frac{(p^2 + \omega_1\ )(p^2 + \omega_3^2) \cdots (p^2 + \omega_\mu^2) \cdots}{p(p^2 + \omega_2^2)(p^2 + \omega_4^2) \cdots (p^2 + \omega_\nu^2) \cdots}$$

$$= \frac{\mathrm{Res}_0}{p} + \frac{\mathrm{Res}_2\, p}{p^2 + \omega_2^2} + \cdots + \mathrm{Res}\ \infty\ p$$

mit $0 \leqq \omega_1 < \omega_2 < \omega_3 < \cdots \leqq \infty$, H reell und positiv und Res_ν = Residuen der Partialbrüche $\geqq 0$.
Ferner gilt

$$\frac{\mathrm{d}X(\omega)}{\mathrm{d}\omega} > 0 \quad \text{bzw.} \quad \frac{\mathrm{d}S(\omega)}{\mathrm{d}\omega} > 0$$

bei $Z_{LC}(j\omega) = jX(\omega)$ bzw. $Y_{LC}(j\omega) = jS(\omega)$

Beispiel:

$$Y_{LC}(p) = \frac{(p^2 + 1)(p^2 + 9)}{p(p^2 + 4)} \quad \text{mit} \quad S(\omega) = -\frac{(1 - \omega^2)(9 - \omega^2)}{\omega(4 - \omega^2)}$$

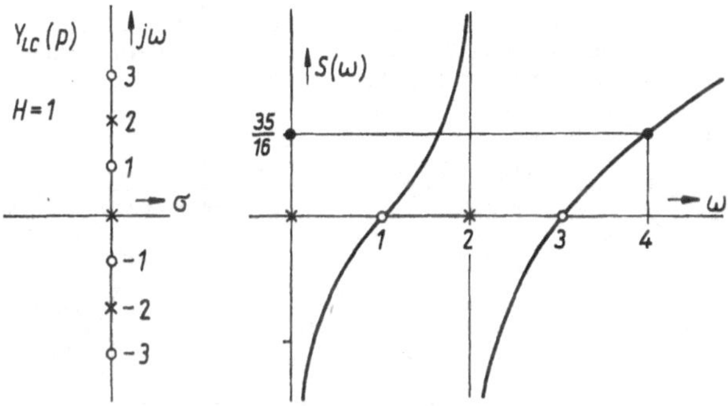

Eigenschaften von RC-Zweipolen

Vergleichen wir systematisch *LC*- und *RC*-Zweipole (das kann z. B. durch Anwendung der Maschenstromanalyse geschehen), so finden wir ein allgemeines Transformationsgesetz

$$Z_{RC}(p) = \frac{1}{s}\, Z_{LC}(s)\Big|_{\substack{s^2=p\\ \omega_i^2=\bar{\sigma}_i}}\,, \tag{3.16}$$

wenn wir in der *LC*-Variante zum Unterschied $p = s^2$ setzen. In Tafel 3.5 sind die daraus resultierenden Gesetze einschließlich eines Beispiels aufgeschrieben.

Tafel 3.5. Eigenschaften von *RC*-Zweipolen

$$Z_{RC}(p) = G\,\frac{(p+\bar{\sigma}_1)(p+\bar{\sigma}_3)\cdots(p+\bar{\sigma}_\mu)\cdots}{p(p+\bar{\sigma}_2)\cdots(p+\bar{\sigma}_\nu)\cdots}$$

$$= \frac{\mathrm{Res}_0}{p} + \frac{\mathrm{Res}_2}{p+\bar{\sigma}_2} + \cdots + \mathrm{Res}_\infty$$

mit $0 \leqq \bar{\sigma}_1 < \bar{\sigma}_2 < \bar{\sigma}_3 < \bar{\sigma}_4 \cdots \leqq \infty$, H reell und positiv bzw.
Res_ν = Residuen der Partialbrüche $\geqq 0$.

Ferner gilt mit $p = \sigma$: $\dfrac{\mathrm{d}Z(\sigma)}{\mathrm{d}\sigma} < 0$ und

der PN-Plan von $Z_{RC}(p)$ hat als „tiefsten Eigenwert" einen Pol (dieser kann auch bei $p = 0$ liegen) und als „höchsten Eigenwert" eine Nullstelle (diese kann auch bei $p = \infty$ liegen).

Beispiel:

$$Z_{RC} = \frac{(p+1)(p+3)}{p(p+2)} \quad \text{mit} \quad Z(\sigma) = \frac{(\sigma+1)(\sigma+3)}{\sigma(\sigma+2)}$$

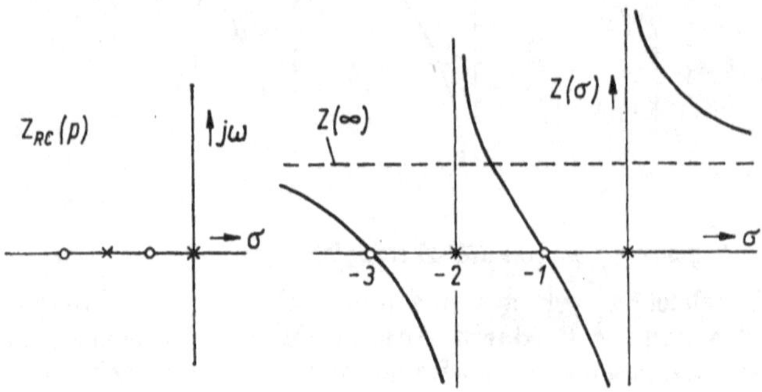

3.1.4. Approximationen

Der Grundgedanke des Approximationsschrittes besteht darin, vorgegebene Netzwerkcharakteristiken oder Toleranzfelder solcher Netzwerkgrößen durch zulässige Funktionen zu ersetzen. Die generelle Schwierigkeit wird durch die Tatsache gekennzeichnet, daß solche Vorschriften durch möglichst einfache zulässige Funktionen – im Bildbereich sind das rationale Funktionen eines kleinstmöglichen Grades mit zusätzlichen Einschränkungen (im Zweipolfall z. B. rationale positive Funktionen) – zu erfüllen sind, da dann zu erwarten ist, daß dazu Netzwerke mit geringstem Aufwand an (Schalt-) Elementen zur Realisierung genügen. Bevor wir spezifische Einzelheiten der Zweipolapproximation betrachten, wollen wir noch einige grundsätzliche Gedanken voranstellen.

Die Approximationen sind notwendig, weil die Vorschriften meist in einer Form gegeben werden, die keinem physikalisch realem Netzwerk entsprechen. Sie werden künftig konsequent als Größen oder Funktionen mit einem i charakterisiert. In der Praxis bereitet die Auffindung und Wahl eines geeigneten und anwendbaren Approximationskriteriums vielfach Schwierigkeiten. Nach üblicher Festlegung bezeichnen wir

im Zeitbereich		im Frequenzbereich
$\Delta = f(t) - f_i(t)$	(3.17)	$\Delta = F(\omega) - F_i(\omega)$

als *Fehlerfunktion.*

Dabei bedeuten

$f_i(t)$ = Approximationsvorschrift	$F_i(\omega)$ = Approximationsvorschrift
$f(t)$ = zulässige Zeitfunktion	$F(\omega)$ = zulässige Frequenzfunktion

im Approximationsintervall

$t_{-1} \leqq t \leqq t_1$ (vielfach $t_{-1} = 0$ und $t_1 = \infty$)	$\omega_{-1} \leqq \omega \leqq \omega_1$

Folgende Approximationskriterien haben Bedeutung erlangt (in Tafel 3.6 sind Beispiele dazu dargestellt):

1. *Interpolation*, d. h., die Fehlerfunktion verschwindet nur an bestimmten vorgegebenen diskreten Stellen des Approximationsintervalls. Zur Lösung werden die klassischen Methoden der numerischen Analysis herangezogen. Dieses Verfahren wird seltener benutzt, da über die Abweichungen zwischen den Interpolationsstellen nichts ausgesagt wird. (Fall a)).

2. *Kriterium des kleinsten mittleren Fehlerquadrates*, d. h. das längs des Approximationsintervalles erstreckte Integral über das Quadrat der Fehlerfunktion soll zu einem Minimum[1]) werden. Es führt auf die Auswertung eines linearen Gleichungssystems, wenn die approximierende Funktion linear von den Approximationsparametern abhängt. Durch Einführung zusätzlicher Gewichtsfunktionen kann oft wirkungsvoll der beabsichtigte Approximationseffekt zielgerichtet verbessert werden. (Fall b)).

3. *Kriterium der maximalen Ebnung*, d. h., entsprechend den möglichen Freiheitsgraden werden alle Ableitungen der Fehlerfunktion an einer im Approximationsintervall gelegenen Stelle zum Verschwinden gebracht. Dieses Kriterium ist relativ leicht anwendbar. Charakteristisch sind die dabei auftretenden größeren Randfehler. (Fall c)).

4. *Kriterium der* Tschebyscheff*schen oder Gleichmäßigen Approximation*, d. h., das absolute Maximum

---

[1]) Formelmäßig heißt das im Beispiel (Tafel 3.6, Fall b)

$$\overline{\Delta^2(t)} = \frac{1}{t_1 - t_{-1}} \int_{t_{-1}}^{t_1} (f(t) - f_i(t))^2 \, dt = \text{Minimum} \qquad (3.17\,a)$$

Falls $f(t)$ eine Spannungs- oder Stromfunktion ist, repräsentiert $\overline{\Delta^2(t)}$ an einem Einheitswiderstand physikalisch einen *Leistungsfehler*; Zum Beispiel erfüllt eine bei beliebigen Grad abgebrochene Fourier-Reihe für ein periodisches $f_i(t)$ die Bedingung (3.17 a).

Tafel 3.6. Prinzipielle Möglichkeiten für die Annäherung von Vorschriften durch zulässige Charakteristiken

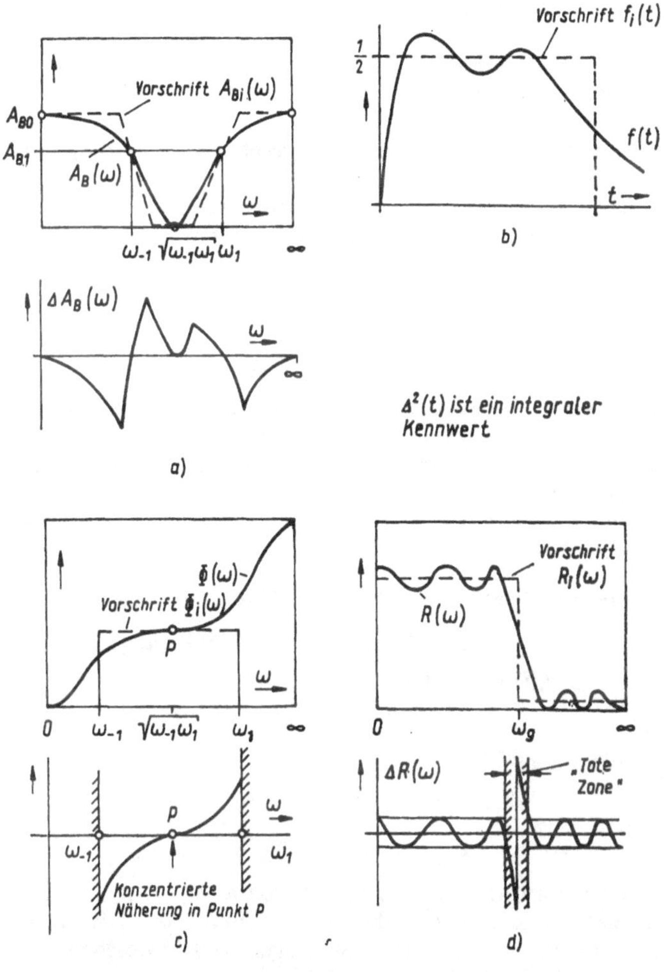

der Fehlerfunktion soll im Approximationsintervall möglichst klein werden. Obwohl dieses Kriterium oft wünschenswert ist, kann es schwierig werden, es anzuwenden, weil dazu nichtlineare Gleichungssysteme gelöst werden müssen. Übliche allgemeine Methoden sind iterative Interpolation oder das Verfahren der Nullstellenverschiebung. In Sonderfällen gelingt es, durch geeignete konforme Abbildungsgesetze eine Lösung zu erhalten. (Fall d)).

Das sind zunächst rein mathematische Kriterien, die allein nicht genügen, sondern es müssen *zusätzlich* die *Bedingungen* für zulässige Funktionen, das sind im Zweipolfall die Bedingungen für rationale Positive Funktionen, eingehalten werden. (Durch moderne Großrechner hat die Approximationstheorie große Bedeutung und Anwendungsbreite erlangt. Wir können uns hier aus verständlichen Gründen nur mit einigen ausgewählten elementaren Beispielen und Ergebnissen vertraut machen, die aber trotzdem das Problem treffend kennzeichnen).

Im Zweipolfall sind folgende Vorschriften charakteristisch:

1. die Impulsantwort als Zeitcharakteristik, d. h.,

$$g_i(t) = \begin{cases} \mathcal{F}^{-1}\{Z_i(j\omega)\} \text{ bzw. } \mathcal{F}^{-1}\{Y_i(j\omega)\} \\ \text{oder} \\ \mathcal{L}^{-1}\{Z_i(p)\} \text{ bzw. } \mathcal{L}^{-1}\{Y_i(p)\} \end{cases}$$

2. die Frequenz-Charakteristiken

$$R_i(\omega), \quad X_i(\omega) \quad \text{bzw.} \quad G_i(\omega), \quad S_i(\omega)$$

oder

$$|Z_i(j\omega)|, \quad \Phi_{iZ}(\omega) \quad \text{bzw.} \quad |Y_i(\omega)|, \quad \Phi_{iY}(\omega),$$

wenn wir auf die Ortskurven-Approximation $Z_i(j\omega)$ bzw. $Y_i(j\omega)$ verzichten. Üblicherweise — und das trifft auch bei uns zu —, sind die notwendigen und hinreichenden Bedingungen für zulässige Zweipolfunktionen im Bildbereich (s. (3.9)) formuliert. Deshalb werden wir bevorzugt *Näherungen im Frequenzbereich* besprechen. Obwohl theoretisch stets eine Transformation vom Zeit- in dem Frequenzbereich und umgekehrt möglich ist, müssen wir bedenken, daß Fehler in beiden Bereichen sich sehr verschieden auswirken können. Als sehr nützlich haben sich dabei Verknüpfungen erwiesen, die zwischen dem „Realteilfehler" $\Delta R(\omega)$ und dem Zeitfehler $g(t)$ bestehen. Übertragen auf den Zweipolfall können wir wegen (2.41) schreiben

$$g(t) = \frac{2}{\pi} \int_0^\infty R(\omega) \cos \omega t \, \mathrm{d}\omega \qquad (t \geqq 0). \qquad (3.18)$$

Die Gleichung (3.18) läßt den Schluß zu, daß für kleine positive Zeiten t eine Fehlerhäufung eintreten kann. Dem können wir aber entgegenwirken, wenn wir $\Delta R(\omega)$ genügend klein halten.

3.1.4.1. Approximation von Zeit-Charakteristiken

Hier liegt die Aufgabe vor, eine bestimmte (ideale)

Impulsantwort $g_i(t)$

durch eine zulässige Zweipolfunktion zu approximieren. Die Näherung, d. h. der Übergang von der idealen Vorschrift zur zulässigen Funktion, wird in dieser einführenden Darstellung grundsätzlich im Bildbereich durchgeführt. Bei Anwendung der $\mathcal{L}$-Transformation heißt das:

$$\mathcal{L}\{g_i(t)\} = Z_i(p) \quad \text{bzw.} \quad Y_i(p) \qquad (3.19)$$

wird formal berechnet und durch einen zulässigen Ausdruck $Z(p)$ bzw. $Y(p)$ *ersetzt.* Nur in Ausnahmefällen (s. z. B. folgendes Beispiel) wird es damit gelingen, eine zulässige Zweipolfunktion zu finden, die einem bestimmten Approximationskriterium genügt. Der Regelfall wird darin bestehen, *Reihenentwicklungen* einzuführen und *geeignet abzubrechen.*

Beispiel 3.8

Approximation eines Rechteckimpulses als Übergangsfunktion

Gegeben: $f_{i_1}(t) = u(t) = s(t) =$ Spannungs-Einheitssprung und $f_{i_2}(t) = i(t) = \frac{1}{2}\,(s(t) - s(t-1)) =$ Strom-Rechteckimpuls der Höhe $\frac{1}{2}$ und der Länge 1, wie in Abb. 3.7 skizziert.

Gesucht: Zweipolsystem, das diese Vorschrift approximiert

Lösung: Formal gilt

$$Z_i(p) = \frac{\mathscr{L}\{u(t)\}}{\mathscr{L}\{i(t)\}} = \frac{1}{p}\,\frac{p}{\frac{1}{2}\,(1 - e^{-p})} = \frac{2}{1 - e^{-p}}$$

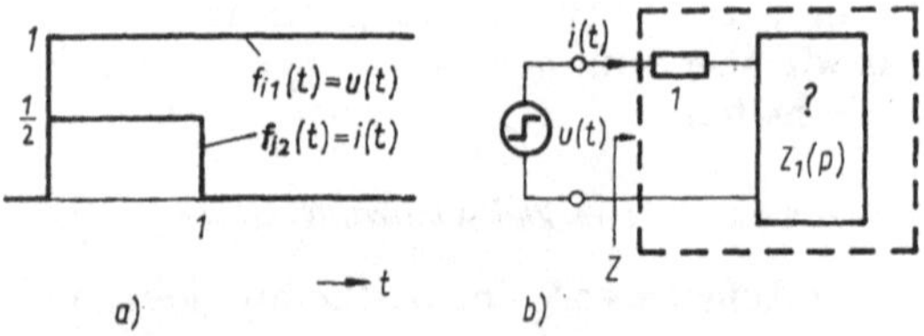

Abb. 3.7. Approximation eines Rechteckimpulses als Übergangsfunktion (Vorschriften und Betriebsanordnung)

Der durch Bild 3.7b festgelegte Zusammenhang $Z = 1 + Z_1$ ergibt ein

$$Z_{i_1}(p) = Z_i(p) - 1 = \frac{1 + e^{-p}}{1 - e^{-p}} = \coth \frac{p}{2}$$

und mit der aus der Mathematik bekannten Kettenbruchdarstellung

$$\coth z = \frac{1}{z} + \cfrac{1}{\cfrac{3}{z} + \cfrac{1}{\cfrac{5}{z} + \cfrac{1}{\cfrac{7}{z} + \cdots}}}$$

gilt auch

$$Z_{i_1}(p) = \frac{2}{p} + \cfrac{1}{\cfrac{6}{p} + \cfrac{1}{\cfrac{10}{p} + \cfrac{1}{\cfrac{14}{p} + \cdots}}}$$

Vergleichen wir dieses Ergebnis mit Tafel 3.4, so finden wir: $Z_{i_1}(p)$ ist bei Abbruch der Kettenentwicklung eine zulässige rationale positive Funktion, die speziell einen *LC*-Zweipol repräsentiert. Über den Fehler im Zeitbereich, der durch den Abbruch des Kettenbruches in der p-Darstellung entsteht, können wir keine Einzelheiten aussagen.

Die in Beispiel 1.1 genannte Methode kann in ausgewählten Fällen ebenfalls für eine Approximation von Zeitcharakteristiken genutzt werden.

3.1.4.2. Approximation von Frequenz-Charakteristiken

Hier liegt die Aufgabe vor, vorgegebene

<table>
<tr><td></td><td>Frequenzfunktionen $F_i(\omega)$</td><td rowspan="3">durch zulässige Zweipolfunktionen</td></tr>
<tr><td>oder</td><td></td></tr>
<tr><td></td><td>„Toleranzfelder“ solcher Funktionen</td></tr>
</table>

zu approximieren. Da wir über die notwendigen und hinreichenden Frequenz-Charakteristiken im allgemeinen gut informiert sind — im Gegensatz zu den Zeit-Charakteristiken, weil die Bedingungen für zulässige Funktionen vorzugsweise im Frequenzbereich definiert sind und eine Übertragung dieser Einschränkungen auf Charakteristiken ohne größere Umstände möglich ist — gehen wir vorzugsweise (im Zweipolfall ist das nach Tafel 2.12 bis auf die Betragsvorschrift möglich) von *zulässigen Charakteristiken* aus. Durch entsprechenden Aufwand kann meist eine genügend große Approximationsgüte erreicht werden, und das Hauptproblem besteht in der Auffindung der Bildfunktionen ($Z(p)$ bzw. $Y(p)$) aus den gewählten stationären Frequenz-Charakteristiken. Bei der Besprechung der Vierpol-Approximationen werden wir feststellen, daß zwischen diesen und bestimmten Zweipol-Approximationen eine große Verwandtschaft besteht. Da dort größere praktische Bedeutung vorliegt, besprechen wir jetzt einführend nur ein Beispiel, damit wir den grundsätzlichen Lösungsweg kennenlernen.

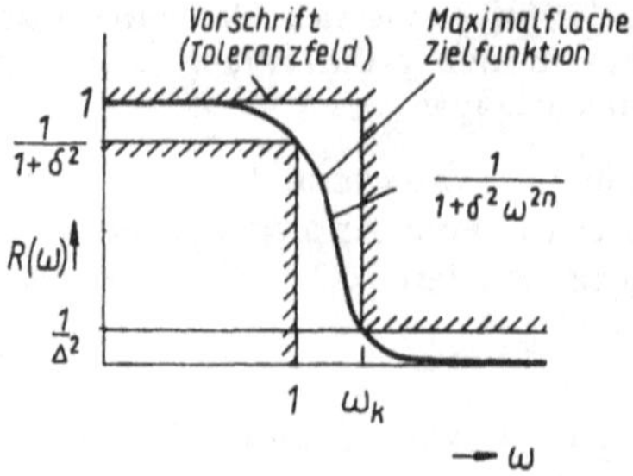

Abb. 3.8. Realteilvorschrift

Beispiel 3.9

Vertrautwerden mit der punktförmigen Approximation bei $\omega = 0$

Gegeben: Sachverhalt wie in Abb. 3.8 skizziert und eine (nach Tafel 2.12 zulässige) Zielfunktion

$$R(\omega) = H \left(\frac{1 + c_2\omega^2 + c_4\omega^4 + \cdots + c_{2m}\omega^{2m}}{1 + d_2\omega^2 + d_4\omega^4 + \cdots + d_{2n}\omega^{2n}} \right)$$

mit zunächst unbestimmten Koeffizienten

Gesucht:

1. Spezielle Zielfunktion, die die Vorschrift bei $\omega = 0$ maximal geebnet approximiert

2. Zusammenhang $n = f(\delta, \Delta, \omega_k)$, d. h. Auswahl einer zulässigen Funktion kleinsten Grades in Abhängigkeit von den vorgeschriebenen „Eckwerten" (Aufwandbestimmung).

3. Zugehörige zulässige Zweipolfunktion $Z(p)$ für $\delta = \frac{1}{3}$, $\Delta = 0{,}1$ und $\omega_k = 2{,}25$.

Lösung:

zu 1. Jede beliebige zulässige Charakteristik kann durch eine Potenzreihe an der Entwicklungsstelle ω_0, d. h.

$$F(\omega) = F(\omega_0) + \frac{\partial F(\omega - \omega_0)}{\partial \omega} \frac{\omega - \omega_0}{1!} + \frac{\partial^2 F(\omega - \omega_0)}{\partial^2 \omega} \frac{(\omega - \omega_0)^2}{2!} + \cdots, \tag{3.20}$$

approximiert werden. Eine Punktnäherung ist dadurch gekennzeichnet, daß an der Entwicklungsstelle die Ableitungen bis zu einer bestimmten Ordnung verschwinden. (3.20) geht damit z. B. im Fall $\omega_0 = 0$ über in

$$F(\omega) = F(0) + \frac{\partial^q F(\omega)}{\partial^q \omega} \frac{\omega^q}{q!} + \text{höhere Ableitungen.} \tag{3.20a}$$

Falls wir das — der Vorschrift noch gerechtwerdende — maximal mögliche q wählen, sprechen wir von der *maximalen Ebnung*.

Für die zulässige Zielfunktion $R(\omega)$ können wir, indem wir Zähler durch Nenner teilen, auch schreiben

$$R(\omega) = H\left(1 + \frac{(c_2 - d_2)\,\omega^2 + (c_4 - d_4)\,\omega^4 + \cdots}{1 + d_2\omega^2 + d_4\omega^4 + \cdots + d_{2n}\omega^{2n}}\right). \tag{3.20b}$$

Damit der Vorschrift prinzipiell genügt werden kann, muß offenbar

$$2m \leqq 2n - 2 \quad \text{oder} \quad m \leqq n - 1 \tag{3.20c}$$

gelten. Es ist aus (3.20b) abzulesen, daß für

$$c_{2i} = d_{2i}, \quad i = 1, 2, \ldots m \tag{3.20d}$$

alle Zählerpotenzen bis einschließlich ω^{2m} verschwinden, was der zuvor erklärten maximalen Ebnung bei $\omega = 0$ entspricht. (Entsprechend kann eine Ebnung erster Ordnung durch $c_2 = d_2$, eine Ebnung 2. Ordnung durch $c_2 = d_2$ und $c_4 = d_4$ usw. verifiziert werden.)

Damit heißt die maximalflache Zielfunktion an der Entwicklungsstelle $\omega_0 = 0$

$$R(\omega) = \frac{H}{1 + d_{2n}\omega^{2n}} \tag{3.20e}$$

zu 2. Praktisches Ziel aller Überlegungen ist es, mit einem möglichst kleinen Grad n auszukommen, weil dadurch entsprechend einfache Realisierungen zu erwarten sind.

Mit (3.20e) angepaßt an die Vorschrift in Abb. 3.8 lesen wir ab bei

$$\omega = 0 : R(0) = 1 \quad \text{oder} \quad H = 1$$

$$\omega = 1 : R(1) = \frac{1}{1 + \delta^2} = \frac{1}{1 + d_{2n}} \quad \text{oder} \quad d_{2n} = \delta^2$$

$$\omega = \omega_k : R(\omega_k) = \frac{1}{\Delta^2} = \frac{1}{1 + \delta^2 \omega_k{}^{2n}} \text{ oder}$$

$$\omega_k{}^{2n} = \frac{\Delta^2 - 1}{\delta^2}$$

oder

$$n \geqq \frac{\lg \sqrt{\Delta^2 - 1} - \lg \delta}{\lg \omega_k}. \tag{3.21}$$

Tatsächlich muß die nächsthöhere ganze Zahl n gewählt werden, weil nur solche Werte zulässig sind.

zu 3. Aus den Vorgaben für δ, Δ und ω_k folgt nach (3.21)

$$n \geqq 2{,}72, \quad \text{d. h., gewählt} \quad n = 3.$$

Entsprechend Beispiel 2.16 lösen wir durch Koeffizientenvergleich die Aufgabe, aus $R(\omega)$ das zugehörige $Z(p)$ herzuleiten.

Mit $R(\omega) = \dfrac{9}{9 + \omega^6}$ gilt für den Nenner

$$9 + \omega^6|_{\omega^2 = -p^2} = 9 - p^6 = (B_g + B_u)(B_g - B_u)$$

oder $B(p) = B_g(p) + B_u(p) = 3 + 2\sqrt[3]{9}p + 2\sqrt[3]{3}p^2 + p^3$.

Mit dem Ansatz

$$\text{Zähler von Ge } Z(p) = A_g B_g - A_u B_u = 9$$

$$\text{oder } (a_0 + a_2 p^2)\left(3 + 2\sqrt[3]{3}p^2\right) - a_1 p \left(2\sqrt[3]{9}p + p^3\right) = 9$$

$$\text{oder } 3a_0^3 + \left(a_0 2\sqrt[3]{3} + 3a_2 - a_1 2\sqrt[3]{9}\right) p^2 + \left(a_2 2\sqrt[3]{3} - a_1\right) p^4 = 9$$

$$\text{folgt } a_0 = 3,\ 6\sqrt[3]{3} + 3a_2 = 2a_1 \sqrt[3]{9},\ a_1 = 2a_2 \sqrt[3]{3}.$$

Setzen wir die letzte Gleichung in die vorletzte ein, so erhalten wir

$$6\sqrt[3]{3} + 3a_2 = 4a_2 \sqrt[3]{3}\sqrt[3]{9} \quad \text{oder} \quad a_2 = 2\sqrt[3]{3}$$

$$\text{und damit } a_1 = 2a_2 \sqrt[3]{3} = \frac{4}{3}\sqrt[3]{9}.$$

Somit gilt für das gesuchte $Z(p)$

$$Z(p) = \frac{A_g(p) + A_u(p)}{B_g(p) + B_u(p)} = \frac{3 + \frac{4}{3}\sqrt[3]{9}p + \frac{2}{3}\sqrt[3]{3}p^2}{3 + 2\sqrt[3]{9}p + 2\sqrt[3]{3}p^2 + p^3}.$$

3.1.5. Realisierungen

Der Grundgedanke des Realisierungsschrittes besteht in der Zerlegung einer vorgegebenen zulässigen Zweipolfunktion in mathematische Formen, die eine „*Netzwerkinterpretation*" erlauben. Typisch ist z. B. die Aufspaltung in Teilsummen oder die systematische Graderniedrigung durch Abspalten von Schaltelementen.

3.1.5.1. LC-Zweipole

R. Foster [F 12] hat als erster erkannt, daß die *Partialbruch*entwicklungen von zulässigen *LC*-Zweipolfunktionen direkt als Schaltungen deutbar sind.

Die in Tafel 3.4. genannte Grundform kann entweder

1. als *Widerstandspartialbruchform* oder
2. als *Leitwertpartialbruchform*

dargestellt werden (Tafel 3.7 links oben).

Dadurch gelingt es, die Zweipolfunktion durch eine Summe von Teilstrukturen darzustellen, die im ersten Fall durch

C, *LC-Parallelkreis* und L

und im zweiten Fall durch

L, *LC-Serienkreis* und C

repräsentiert werden. Durch elementaren Koeffizientenvergleich der Partialbruchterme mit den Teilzweipolen gewinnen wir die in Tafel 3.7, rechts oben notierten Bemessungsformeln.

Beispiel 3.10

Gegeben: $Y_{LC}(p) = \dfrac{(p^2+1)(p^2+9)}{p(p^2+4)}$ (PN-Plan s. Tafel 3.4)

Gesucht: Zugehörige *Partialbruchschaltungen?*

Lösung:

$$\text{Zu } Z_{LC}(p) = \frac{1}{Y_{LC}(p)} = \frac{p(p^2+4)}{(p^2+1)(p^2+9)} = \frac{a_2 p}{p^2+1} + \frac{a_4 p}{p^2+9}$$

$$\text{mit } a_2 = \frac{p^2+1}{p} \cdot \frac{p(p^2+4)}{(p^2+1)(p^2+9)}\bigg|_{p^2=-1} = \frac{3}{8}$$

und

$$a_4 = \frac{p^2+9}{p} \cdot \frac{p(p^2+4)}{(p^2+1)(p^2+9)}\bigg|_{p^2=-9} = \frac{5}{8}$$

gehört die Partialform

$$Z_{LC}(p) = \frac{\frac{3}{8}p}{p^2+1} + \frac{\frac{5}{8}p}{p^2+9} = \cfrac{1}{\frac{8}{3}p + \cfrac{1}{\frac{3}{8}p}} + \cfrac{1}{\frac{8}{5}p + \cfrac{1}{\frac{5}{72}p}}.$$

Abb. 3.9a zeigt die realisierende Schaltung.

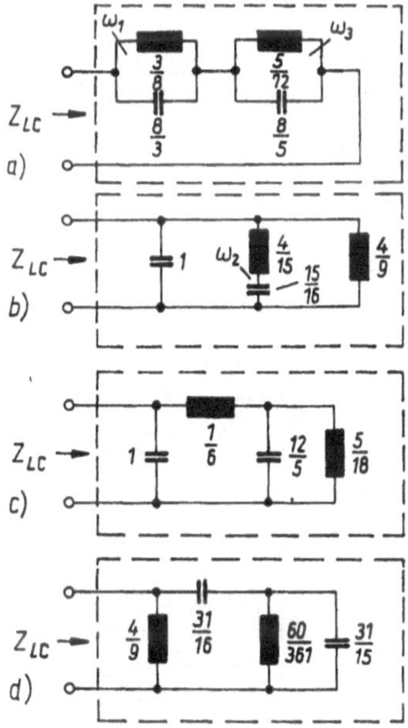

Abb. 3.9. Kanonische LC-Zweipole, die $Z_{LC} = \frac{p^3 + 4p}{p^4 + 10p^2 + 9}$ realisieren

Entsprechend gehört zu

$$Y_{LC}(p) = \frac{p^4 + 10p^2 + 9}{p^3 + 4p} = p + \frac{6p^2 + 9}{p(p^2+4)}$$

$$= \frac{a_0'}{p} + \frac{a_1' p}{p^2 + 4} + a_\infty' p$$

Tafel 3.7. Realisierungen für LC-Zweipole

1. Widerstandspartialbruch $$Z_{LC}(p) = \frac{a_0}{p} + \sum_{\nu=2,4,\ldots} \frac{a_\nu p}{p^2 + \omega_\nu^2} + a_\infty p$$

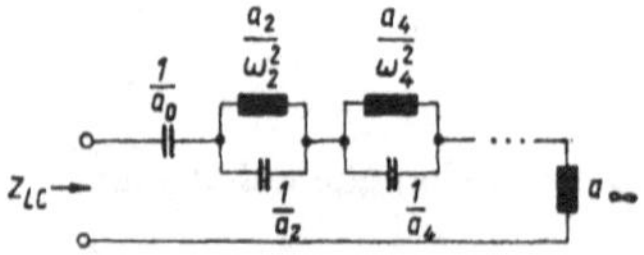

2 Leitwertpartialbruch $$Y_{LC}(p) = \frac{a_0'}{p} + \sum_{\nu=1,3\ldots} \frac{a_\nu' p}{p^2 + \omega_\nu^2} + a_\infty' p$$

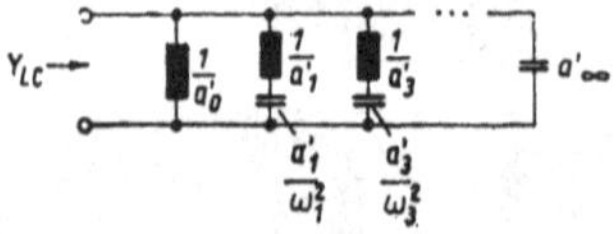

3. Kettenbruch 1. Art $$\left.\begin{array}{l} Z_{LC}(p) \\ \text{oder} \\ Y_{LC}(p) \end{array}\right\} = k_1 p + \cfrac{1}{k_2 p + \cfrac{1}{k_3 p + \cfrac{1}{k_4 p + \cdots}}}$$

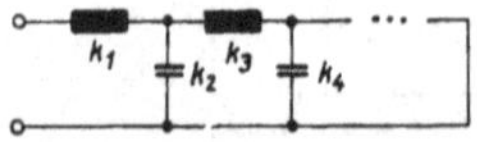

4. Kettenbruch 2. Art $$\left.\begin{array}{l} Z_{LC}(p) \\ \text{oder} \\ Y_{LC}(p) \end{array}\right\} = \frac{k_1'}{p} + \cfrac{1}{\cfrac{k_2'}{p} + \cfrac{1}{\cfrac{k_3'}{p} + \cfrac{1}{\cfrac{k_4'}{p} + \cdots}}}$$

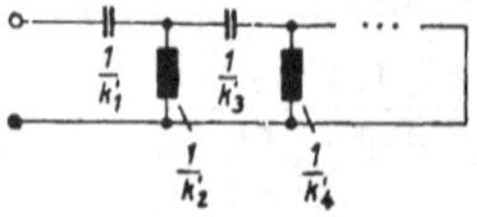

Gesetze und Realisierungen

mit

$$a_0' = p\,\frac{6p^2+9}{p(p^2+4)}\bigg|_{p^2=0} = \frac{9}{4}$$

$$a_1' = \frac{p^2+4}{p}\,\frac{6p^2+9}{p(p^2+4)}\bigg|_{p^2=-4} = \frac{15}{4}$$

und

$$a'_\infty = 1$$

die Partialform

$$Y_{LC}(p) = \frac{9}{4p} + \frac{\frac{15}{4}p}{p^2+4} + p$$

$$= \frac{1}{\frac{4}{9}p} + \frac{1}{\frac{4}{15}p + \cfrac{1}{\frac{15}{16}p}} + p\,.$$

Abb. 3.9b zeigt die realisierende Schaltung.

Beim Betrachten der Abb. 3.9a und 3.9b fällt auf, daß jeweils vier Reaktanzelemente zur Realisierung genügen. Offenbar besteht ein Zusammenhang zwischen dem Grad der LC-Immittanzfunktion und der Anzahl der realisierenden Schaltelemente. Die gefundenen Zweipole werden mit einem Minimum an Reaktanzelementen verwirklicht und wir sprechen deshalb auch von *kanonischen* Zweipolen. Verallgemeinert nennen wir Realisierungen mit einem Minimum an Energiespeichern *kanonische Netzwerke.*

W. Cauer [C 1] hat als erster erkannt, daß *Kettenbruchdarstellungen* von $Z_{LC}(p)$ bzw. $Y_{LC}(p)$ ebenfalls eine direkte Deutung als Zweipolschaltung zulassen.

Bei dieser Methode unterscheiden wir eine Entwicklung nach fallenden Potenzen, die auf die *Kettenbruchform 1. Art*

$$k_1p + \cfrac{1}{k_2p + \cfrac{1}{k_3p + \cfrac{1}{k_4p + \cdots}}} \qquad (3.22\text{a})$$

führt, und eine Entwicklung nach steigenden Potenzen, zu der die *Kettenbruchform 2. Art*

$$\frac{k_1'}{p} + \cfrac{1}{\cfrac{k_2'}{p} + \cfrac{1}{\cfrac{k_3'}{p} + \cfrac{1}{\cfrac{k_4'}{p} + \cdots}}} \tag{3.22b}$$

gehört.

Beide Terme können wir (s. Beispiel 2.1) unmittelbar als Kettenbruchschaltung, wie in Tafel 3.7, rechts unten, skizziert, deuten.

Beispiel 3.11

Gegeben: $Y_{LC}(p)$ wie in Beispiel 3.10

Gesucht: Zugehörige *Kettenbruchschaltungen*?

Lösung: Geordnet nach fallenden Potenzen gilt

$$Y_{LC}(p) = \frac{p^4 + 10p^2 + 9}{p^3 + 4p},$$

woraus wir mit dem Rechenschema

$$:(p^3 + 4p)\,(p^4 + 10p^2 + 9)\quad (p = k_1 p$$

$$\underline{p^4 + 4p^2}$$

$$:(6p^2 = 9)\,(p^3 + 4p)\left(\frac{1}{6}p = k_2 p\right.$$

$$\underline{p^3 + \frac{3}{2}p}$$

$$:\left(\frac{5}{2}p\right)(6p^2) + 9)\left(\frac{12}{5}p = k_3 p\right.$$

$$\underline{6p^2}$$

$$:(9)\left(\frac{5}{2}p\right)\left(\frac{5}{18}p = k_4 p\right.$$

finden wegen (3.22a)

$$Y_{LC}(p) = p + \cfrac{1}{\cfrac{1}{6}\,p + \cfrac{1}{\cfrac{12}{5}\,p + \cfrac{1}{\cfrac{5}{18}\,p}}}$$

Abb. 3.9c zeigt die daraus „ablesbare“ Schaltung.

Entsprechend gilt geordnet nach steigenden Potenzen

$$Y_{LC}(p) = \frac{9 + 10p^2 + p^4}{4p + p^3},$$

woraus wir mit dem Rechenschema

$$:(4p + p^3)\,(9 + 10p^2 + p^4)\left(\frac{9}{4p} = k_1'\,\frac{1}{p}\right.$$

$$\frac{9 + \frac{9}{4}\,p^2}{:\left(\frac{31}{4}\,p^2 + p^4\right)(4p + p^3)\left(\frac{16}{31p} = k_2'\,\frac{1}{p}\right.}$$

$$\frac{4p + \frac{16}{31}\,p^3}{:\left(\frac{15}{31}\,p^3\right)\left(\frac{31}{4}\,p^2 + p^4\right)\left(\frac{961}{60}\,p = k_3'\,\frac{1}{p}\right.}$$

$$\frac{\frac{31}{4}\,p^2}{:(p^4)\left(\frac{15}{31}\,p^3\right)\left(\frac{15}{31p} = k_4'\,\frac{1}{p}\right.}$$

finden wegen (3.22b)

$$Y_{LC}(p) = \frac{9}{4p} + \cfrac{1}{\cfrac{16}{31p} + \cfrac{1}{\cfrac{961}{60p} + \cfrac{1}{\cfrac{15}{31p}}}}$$

Abb. 3.9d zeigt die daraus „ablesbare“ Schaltung.

Alle vier *kanonischen LC-Zweipole* (Abb. 3.9a···d) sind äquivalent, und es gibt kein allgemeines Kriterium, welche spezielle Form davon am praktischsten ist.

3.1.5.2. RC-Zweipole

Wegen der schon früher erkannten Verwandtschaft zwischen *LC*- und *RC*-Zweipolen können wir analoge Realisierungsmethoden erwarten. Das trifft tatsächlich zu. Aus der in Tafel 3.5 für $Z_{RC}(p)$ notierten Grundform können auf die schon bekannte Weise

1. eine *Widerstandspartialbruchform,*
2. eine *Leitwertpartialbruchform,*
3. eine *Kettenbruchform 1. Art* und
4. eine *Kettenbruchform 2. Art*

hergeleitet werden, die dann als Schaltungen direkt deutbar sind. Formelmäßige Zusammenhänge dafür und die expliziten Zweipolstrukturen sind in Tafel 3.8 aufgeschrieben. Auch hier existieren vier kanonische Zweipole, und i. a. kann keine Vorzugsstruktur angegeben werden.

Auf die Interpretation der *RL*-Zweipole verzichten wir, da sie praktisch keine Rolle spielen.

Beispiel 3.12

Gegeben: $Z_{RC}(p) = \dfrac{(p+1)(p+3)}{p(p+2)}$

Gesucht: Die vier zugehörigen *kanonischen RC-Zweipole*

Lösung: Aus den verschiedenen Darstellungsformen, nämlich

$$1.\quad Z_{RC}(p) = \frac{(p+1)(p+3)}{p(p+2)} = \frac{\frac{3}{2}}{p} + \frac{\frac{1}{2}}{p+2} + 1$$

$$2.\quad \frac{1}{p}\cdot Y_{RC}(p) = \frac{p+2}{(p+1)(p+3)} = \frac{\frac{1}{2}}{p+1} + \frac{\frac{1}{2}}{p+3}$$

Tafel 3.8. Realisierungen für *RC*-Zweipole

1. Widerstandspartialbruch

$$Z_{RC}(p) = \frac{a_0}{p} + \sum_{\nu=3,5,\ldots} \frac{a_\nu}{p + \bar{\sigma}_\nu} + a_\infty$$

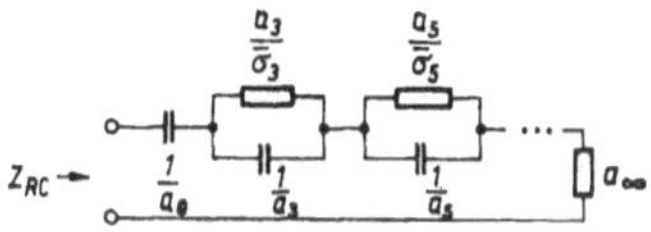

2. Leitwertpartialbruch

$$\frac{1}{p} Y_{RC}(p) = \frac{a_0'}{p} + \sum_{\mu=2,4,\ldots} \frac{a_\nu'}{p + \bar{\sigma}_\nu} + a_\infty'$$

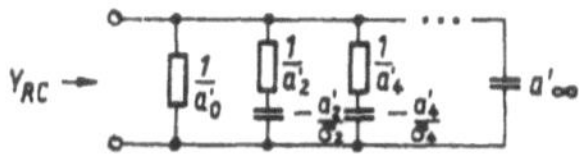

3. Kettenbruch 1. Art

$$Z_{RC}(p) = k_1 + \cfrac{1}{k_2 p + \cfrac{1}{k_3 p + \cfrac{1}{k_4 p + \cfrac{1}{\cdots}}}}$$

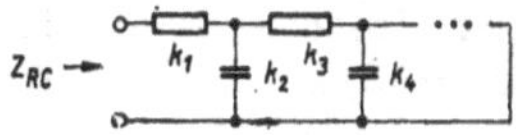

4. Kettenbruch 2. Art

$$Z_{RC}(p) = \frac{k_1'}{p} + \cfrac{1}{k_2' + \cfrac{1}{\cfrac{k_3'}{p} + \cfrac{1}{k_4' + \cfrac{1}{\cdots}}}}$$

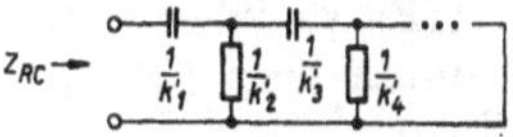

Gesetze und Realisierungen

3. $$Z_{RC}(p) = \frac{p^2 + 4p + 3}{p^2 + 2p} = 1 + \cfrac{1}{\frac{1}{2}p + \cfrac{1}{4 + \cfrac{1}{\frac{1}{6}p}}}$$

und

4. $$Z_{RC}(p) = \frac{3 + 4p + p^2}{2p + p^2} = \frac{1}{\frac{2}{3}p} + \cfrac{1}{\cfrac{1}{\frac{5}{4}} + \cfrac{1}{\cfrac{1}{\frac{2}{25}p} + \cfrac{1}{\frac{1}{5}}}}$$

lesen wir *RC*-Zweipole, wie in Abb. 3.10a···d dargestellt, ab.

3.1.5.3. RCL-Zweipole

Die eben besprochenen Zweipolfunktionen waren Sonderfälle von Zweipolfunktionen. Was können wir tun, wenn eine Zweipolfunktion gegeben ist (s. Beispiel 2.15), der sich damit keine Schaltung zuordnen läßt. Wir müssen allgemeinere Realisierungsmethoden benutzen.

Für die Praxis sind *kopplungsfreie Strukturen* (d. h. Schaltungen ohne ideale Übertrager bzw. gekoppelte Induktivitäten) besonders interessant, weil sie toleranzunempfindlich, einfach herstellbar und gut abgleichbar sind. R. Bott und J. Duffin [B 13] haben als erste gezeigt, daß dies grundsätzlich möglich ist. Der Kaufpreis dafür ist, das sei vorweggenommen, eine rasch wachsende Anzahl der zur Realisierung benötigten Schaltelemente. Ausgangspunkt ist eine Minimale Immittanzfunktion (MIF) wie in Abschnitt 2.8 beschrieben. Das absolute Minimum liege bei $\omega_{\min}$, und wir setzen ferner voraus, daß

$$Z_{\min}(j\omega_{\min}) = jX_{\min} = jL\omega_{\min} \quad \text{mit} \quad X_{\min} > 0 \qquad (3.23)$$

gilt. Durch Strukturen, wie in Tafel 3.9 skizziert, gelingt stets eine Gradreduktion 2. Ordnung. Wenn dieser Abbauzyklus wiederholt wird, werden schließlich die Restfunktionen $Z_I(p)$ bzw. $Z_{II}(p)$ in Funktionen ersten

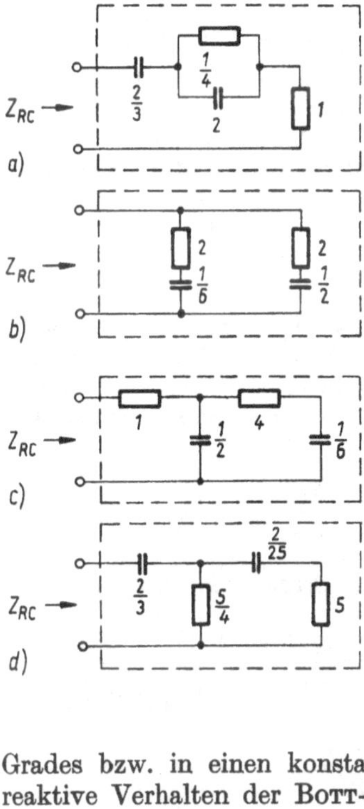

Abb. 3.10. Kanonische *RC*-Zweipole, die $Z_{RC} = \dfrac{p^2 + 4p + 3}{p^2 + 2p}$ realisieren

Grades bzw. in einen konstanten Wert entarten. Das reaktive Verhalten der Bott-Duffin-Struktur für $\omega_{\min}$ ist offensichtlich, da die *LC*-Kreise auf diese Frequenz abgestimmt sind. Weiterer Hintergrund sind *mehrfache widerstandsduale Eigenschaften* der Art

$$Z_L Z_C = \frac{L}{C} = Z_a Z_b = \frac{L_a}{C_b} = \frac{L_b}{C_a} = Z_I Z_{II} = R^2, \tag{3.24}$$

die insbesondere wegen

$$Z_L Z_C = Z_a Z_b \quad \text{oder} \quad \frac{Z_L}{Z_a} = \frac{Z_b}{Z_c} \tag{3.24a}$$

Brückengleichgewicht ($\triangleq$ Potential A = Potential B) bedingen, und deshalb (da kein Strom fließt) kann zwischen A und B ein beliebiger Zweigwiderstand[1]) eingeführt werden. Da für die Prozedur dieser Freiheitsgrad nicht benötigt wird, bevorzugen wir i. a. die „Unterbrechung". Wie wir noch zeigen werden, können durch geeignete Wahl von R eindeutige Bemessungsregeln bei einer Gradreduktion 2. Ordnung hergestellt werden.

Für den Fall $X_{\min} > 0$ erläutern wir in Verbindung mit der Abb. in Tafel 3.9 oben links die Vorgehensweise im einzelnen. Sowohl der Parallelkreis $L_a C_a$ als auch der Serienkreis $L_b C_b$ haben bei $\omega_{\min}$ ihre Resonanzfrequenz. Dadurch wird der rechte Zweig unterbrochen, und im linken ist nur L wirksam, d. h., wir können seinen Wert wegen

$$L = \frac{Z_{\min}(j\omega_{\min})}{j\omega_{\min}} = \frac{X_{\min}}{\omega_{\min}}, \qquad X_{\min} > 0 \tag{3.25}$$

bestimmen. Für die gesamte Struktur lesen wir ab

$$Z_{\min}(p) = \left.\frac{(Z_L + Z_b)(Z_a + Z_c)}{Z_L + Z_b + Z_a + Z_c}\right|_{\substack{Z_L = pL,\ Z_C = \frac{R^2}{pL} \\ Z_b = R^2/Z_a}}$$

$$= \frac{R^2 + pLZ_a(p)}{Z_a(p) + pL} \tag{3.26}$$

[1]) Durch Einfügen eines geeigneten Elementes zwischen die Punkte A und B, ist es möglich, ein Reaktanzelement einzusparen. Schalten wir z. B. im Fall $X_{\min} > 0$ ein $L_0 = \dfrac{1}{\omega_{\min}^2 C}$ hinzu, so gewinnen wir nach einer Dreieck-Stern-Transformation der drei Zweige, enthaltend L_b in Reihe mit C_b, L_0 und C, eine Grundform, die (abgesehen von solchen in Z_I und Z_{II}) nur noch drei Induktivitäten und zwei Kapazitäten aufweist.

oder umgestellt

$$Z_a(p) = \frac{R^2 - pLZ_{\min}(p)}{Z_{\min}(p) - pL} \tag{3.27}$$

$$= \frac{a_1 p}{p^2 + \omega_{\min}^2} + Z_I(p). \tag{3.27a}$$

Die Aufteilung nach (3.27a) geht aus der Schaltungsstruktur hervor. Wie in [B 13] gezeigt wurde, gelingt das immer auf zulässige Art, wenn die bisher unbestimmte Dualitätsinvariante R der Gleichung

$$Z_{\min}(\sigma) = \sigma L = R \tag{3.28}$$

genügt. Dazu finden wir σ durch Auswerten der linken Terme in (3.28). Praktisch ist eine Gleichung höheren Grades für σ zu lösen, wobei nur Werte σ reell und positiv von Interesse sind. Die Berechnung der weiteren Größen C, L_a, C_a, L_b, C_b und $Z_{II}(p)$ ist ohne Problematik. Falls $Z_I(p)$ und damit $Z_{II}(p) > 1$. Ordnung sind, ist die Realisierungsprozedur sinngemäß zu wiederholen. In Tafel 3.9, linke Hälfte, sind die Bestimmungsgleichungen für die einzelnen Teilgrößen so geordnet, daß praktische Aufgaben schlüssig gelöst werden können. Durch Vertauschen von L und C kann der Fall $X_{\min} < 0$ sinngemäß abgearbeitet werden. Die Ergebnisformeln sind in Tafel 3.9, rechte Hälfte, notiert.

Beispiel 3.13

Gegeben: $Y_{\min}(p) = \dfrac{p^2 + p + \frac{1}{2}}{p^2 + \frac{1}{2}p + 2}$ (Beispiel 2.15)

Gesucht: Zugehöriger RLC-Zweipol?

Lösung: Da $Y_{\min}(p)$ als MIF mit $\omega_{\min} = 1$ und $X_{\min} = -1$ bekannt ist, gilt nach Tafel 3.9, rechte Hälfte

$$C = \frac{1}{\omega_{\min} |X_{\min}|} = 1.$$

Tafel 3.9. Realisierung für einen RLC-Zweipol nach BOTT-DUFFIN

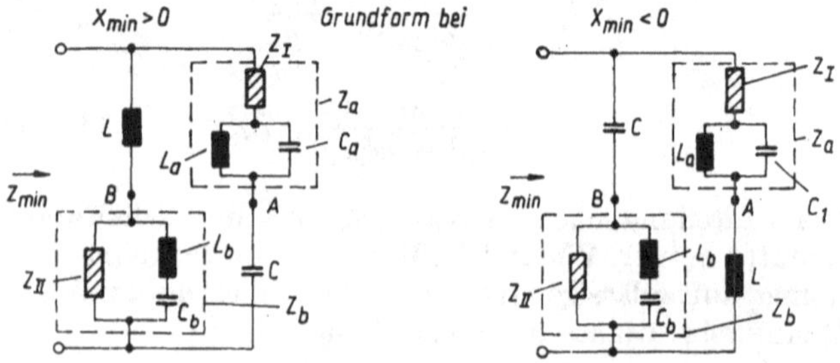

$$L = \frac{X_{\min}}{\omega_{\min}}$$

$$C = \frac{1}{\omega_{\min}|X_{\min}|} = \frac{S_{\min}}{\omega_{\min}}$$

σ-Bestimmung aus

$$Y_{\min}(\sigma) = \sigma L = R$$

$$Y_{\min}(\sigma) = \sigma C = \frac{1}{R}$$

$\sigma > 0$, reell

$$C = \frac{L}{R^2}$$

$$L = R^2 C$$

$$Z_a(p) = \frac{R^2 - pLZ_{\min}(p)}{Z_{\min}(p) - pL}$$

$$Z_a(p) = \frac{1 - R^2 pCY_{\min}(p)}{Y_{\min}(p) - pC}$$

entwickelt als Partialbruch

$$= \frac{a_1 p}{p^2 + \omega_{\min}^2} + Z_I(p)$$

liefert Schaltelemente und Restfunktionen:

$$C_a = \frac{1}{a_1} = \frac{L_b}{R^2},$$

$$L_a = \frac{a_1}{\omega_{\min}^2} = R^2 C_b,$$

$$Z_{II}(p) = \frac{R^2}{Z_I(p)}$$

$$Y_{\min}(\sigma) = \frac{\sigma^2 + \sigma + \frac{1}{2}}{\sigma^2 + \frac{1}{2}\sigma + 2} = \sigma \text{ bedeutet Lösung der Gleichung}$$

$$\sigma^3 - \frac{1}{2}\sigma + \sigma - \frac{1}{2} = 0 = \left(\sigma - \frac{1}{2}\right)(\sigma^2 + 1).$$

Hiervon ist nur die positive reelle Wurzel $\sigma = 1/2$ brauchbar, d. h., $R = \frac{1}{\sigma C} = 2$ und $R^2 = 4$. Damit erhalten wir (s. Abb. 3.11)

$$Z_a(p) = \frac{1 - R^2 p C Y_{\min}(p)}{Y_{\min}(p) - pC} = \frac{4\left(p - \frac{1}{2}\right)\left(p^2 + \frac{5}{4}p + 1\right)}{\left(p - \frac{1}{2}\right)(p^2 + 1)}$$

$$= \frac{a_1 p}{p^2 + \omega_{\min}^2} + Z_I(p) = \frac{5p}{p^2 + 1} + 4,$$

d. h. $\quad C_a = \frac{1}{a_1} = \frac{1}{5}, \quad L_a = \frac{a_1}{\omega_{\min}^2} = 5, \; Z_I(p) = 4$

und

$$L_b = C_a R^2 = \frac{4}{5}, \quad C_b = \frac{L_a}{R^2} = \frac{5}{4}, \quad Z_{II}(p) = \frac{R^2}{Z_I(p)} = 1$$

Eine weitere u. U. leistungsfähige Realisierungsmethode fand F. Miyata [M 11]. Sein Grundgedanke ist die summenmäßige Zerlegung der Realteilfunktion. Zum Beispiel gilt für

$$R(\omega) = \operatorname{Re} Z(j\omega) = \frac{c_0 + c_2\omega^2 + c_4\omega^4 + \cdots + c_{2m}\omega^{2m}}{d_0 + d_2\omega^2 + d_4\omega^4 + \cdots + \omega^{2n}} \tag{3.29}$$

oder anders geschrieben

$$R(\omega) = \sum_{\mu=0}^{m} R_\mu(\omega) = \frac{\sum\limits_{\mu=0}^{m} c_{2\mu}\omega^{2\mu}}{D(\omega\ )} \tag{3.29a}$$

mit $D(\omega^2) = d_0 + d_2\omega^2 + d_4\omega^4 + \cdots + \omega^{2n}$.

(Der Leser wolle beachten, daß stets ein Koeffizient in (3.29) gleich 1 gewählt werden kann. Hier wird das für

d_{2n} angenommen.) Falls in (3.29a) alle $c_{2\mu}$ *positiv* ausfallen, kann auf bekannte Weise $Z_\mu(p)$ (Beispiel 2.16) errechnet werden. $Z_\mu(p)$ haben zusätzlich die Besonderheit, daß *nur Zählernullstellen* bei $\omega = 0$ und/oder $\omega = \infty$ vorkommen, die besonders einfach zu realisieren

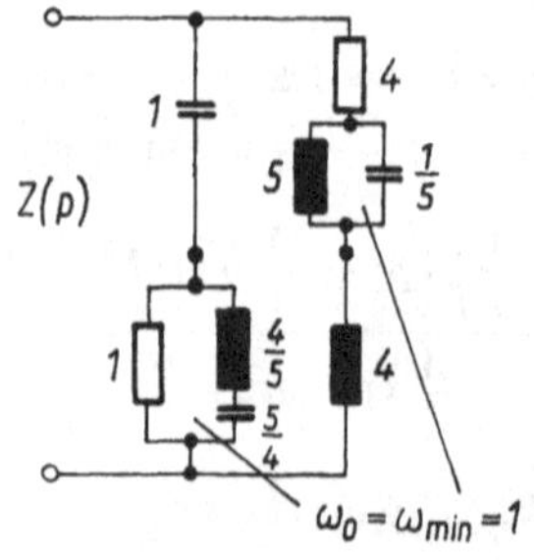

Abb. 3.11. *RLC*-Zweipol, der $Z(p) = \dfrac{p^2 + \frac{1}{2}p + 2}{p^2 + p + \frac{1}{2}}$ realisiert.

sind. (Praktisch sind es kopplungsfreie Kettenzweipole mit L oder C in den Längs- bzw. Querzweigen und einem ohmschen „Abschlußwiderstand." Näheres Band 2.) Sind von Anfang an nicht alle $c_{2\mu}$ positiv, so kann das *möglicherweise* durch Erweiterungs-Faktoren in (3.29) erzwungen werden. Der Kaufpreis ist eine Graderhöhung und damit Mehraufwand an Schaltelementen.

Beispiel 3.14

$$\text{Gegeben: } Z(p) = \frac{p^2 + \frac{1}{2}p + 1}{p^2 + 2p + 1}$$

mit
$$R(\omega) = \frac{1 - \omega^2 + \omega^4}{1 + 2\omega^2 + \omega^4}$$

Gesucht: Realisierender *RLC*-Zweipol?

Lösung: Da c_2 im Beispiel negativ ausfällt, ist keine unmittelbare Realisierung möglich. Wir führen deshalb einen Erweiterungsfaktor mit unbestimmten Koeffizienten ein und versuchen, diese Bedingung zu verifizieren. Zunächst gilt für den erweiterten Zähler bei Multiplikation mit $(k + \omega^2)$

$$(1 - \omega^2 + \omega^4)(k + \omega^2) = k + (1 - k)\,\omega^2 + (k - 1)\,\omega^4 + \omega^6.$$

Wir erkennen, daß hier zufällig bei $k = 1$ die Potenzen ω^2 und ω^4 nicht vorkommen und wir auf diese Weise negative Vorfaktoren vermeiden können. Da mit $(\omega^2 + 1)$ im Realteil der Faktor $(p + 1)$ in $Z(p)$ identisch ist, gehört zu

$$Z(p) = \frac{p^2 + \frac{1}{2}p + 1}{(p + 1)^2} = \frac{\left(p^2 + \frac{1}{2}p + 1\right)(p + 1)}{(p + 1)^3}$$

$$\operatorname{Re} Z(j\omega) = \frac{1}{D(\omega^2)} + \frac{\omega^6}{D(\omega^2)} = R_0(\omega) + R_3(\omega)$$

mit $D(\omega^2) = (1 + p)^3 (1 - p)^3|_{p=j\omega}$.

Zum $R_0(\omega)$ und $R_3(\omega)$ errechnen wir die Widerstandsfunktionen $Z_0(\text{R})$ und $Z_3(p)$, die mit dem Gesetz $Z(p) = Z_0(p) + Z_3(p)$ die gesuchte Zweipolfunktion verifizieren.

Mit den bekannten Methoden (Beispiele 2,16, 3.9) finden wir mit

$$Z_0(p) = \frac{a_0 + a_2 p + a_2 p^2}{1 + 3p + 3p^2 + p^3}$$

aus dem Vergleich

$$\text{Zähler von Ge } Z_0(p) = A_g B_g - A_u B_u = 1$$

$$Z_0(p) = \frac{1 + \frac{9}{8}p + \frac{3}{8}p^2}{1 + 3p + 3p^2 + p^3}$$

und entsprechend

$$Z_3(p) = \frac{\frac{3}{8}p + \frac{9}{8}p^2 + p^3}{1 + 3p + 3p^2 + p^3},$$

wobei als Probe

$$Z_0(p) + Z_3(p) = \frac{1 + \frac{3}{2}p + \frac{3}{2}p^2 + p^3}{1 + 3p + 3p^2 + p^3}$$

$$= \frac{\left(1 + \frac{1}{2}p + p^2\right)(1 + p)}{(1 + 2p + p^2)(1 + p)} = Z(p)$$

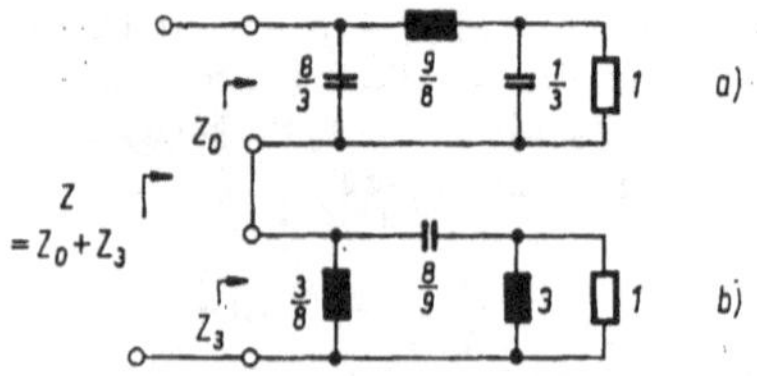

Abb. 3.12 RLC-Zweipol, der $Z(p) = \dfrac{p^2 + \frac{1}{2}p + 1}{p^2 + 2p + 1}$ als Reihenschaltung zweier Teilzweipole $Z_0(p)$ und $Z_3(p)$ realisiert
a) Teilzweipol gehörend zu $Z_0(p)$
b) Teilzweipol gehörend zu $Z_3(p)$

nützlich ist und dabei die reziproken Koeffizienten in der erweiterten Funktion ausfallen.

$Z_0(p)$ entspricht einem Zweipol, wie in Abb. 3.12a skizziert (mit „Übertragungsnullstellen" bei $\omega = \infty$), die einer Kettenbruchdarstellung 1. Art entspricht.

Mit dem Rechenschema

$$
\begin{array}{l}
:\left(\frac{3}{8}p^2 + \frac{9}{8}p + 1\right)\ (p^3 + 3p^2 + 3p + 1)\ \left(\frac{8p}{3} = C_1 p\right. \\
\qquad\qquad p^3 + 3p^2 + \frac{8}{3}p \\
\qquad\qquad\overline{\qquad\qquad\qquad :\left(\frac{1}{3}p + 1\right)\ \left(\frac{3}{8}p^2 + \frac{9}{8}p + 1\right)\ \left(\frac{9}{8}p = L_2 p\right.} \\
\qquad\qquad\qquad\qquad\qquad\qquad \frac{3}{8}p^2 + \frac{9}{8}p \\
\qquad\qquad\qquad\qquad\qquad\qquad\qquad \overline{:1\ \left(\frac{1}{3}p + 1\right)} \\
\qquad\qquad\qquad\qquad\qquad\qquad\qquad\quad \frac{1}{3}\,C_3 + G_3
\end{array}
$$

finden wir die in Abb. 3.12a eingetragene Bemessung.

$Z_3(p)$ entspricht einem Zweipol, wie in Abb. 3.12b skizziert (mit „Übertragungsnullstellen" bei $\omega = 0$), die einer Kettenbruchdarstellung 2. Art entspricht. Die Reihenschaltung der Teilzweipole realisiert das vorgeschriebene $Z(p)$.

3.1.5.4. RLCü-Zweipole

Die vorangegangenen Methoden zeichnen sich durch einen rasch anwachsenden Schaltelementeaufwand bei höheren Zweipolfunktionen aus (z. B. für $Z(p)$ 2. Grades waren in den Beispielen 3.13 und 3.14 bereits jeweils 8 Schaltelemente erforderlich). Lassen wir ideale Übertrager oder paarweise gekoppelte Induktivitäten zu, so gelingt es, rationeller eine Realisierung durchzuführen. O. Brune [B 12] zeigte das als erster. Dieses Verfahren setzt ebenfalls minimale Immittanzfunktionen voraus, und es läßt zunächst die Abspaltung negativer Elemente zu, die später in der Kombination mit Nachbarelementen vermeidbar sind. Bei negativen Induktivitäten ist die Zusammenfassung eines Spulensterns zu einem Paar gekoppelter Induktivitäten typisch.

Wir erläutern die Vorgehensweise an einer speziellen (schon aus Beispiel 2.15) bekannten Funktion.

Vorgegeben sei eine

$$\text{Minimale Zweipolfunktion} \quad Z(p) = \frac{p^2 + \frac{1}{2}p + 2}{p^2 + p + \frac{1}{2}}$$

mit einem Realteilverlauf und einer Ortskurve, wie in Abb. 3.13a und b skizziert.

Wir lesen ab, daß $Z(j\omega_{\min}) = -j\,1$ ist. Für $\omega_{\min} = 1$ können wir $Z(j\omega_{\min}) = jX_{\min} = jL_1\omega_{\min}$ als induktiven Widerstand auffassen, hervorgerufen durch

$$L_1 = \frac{X_{\min}}{\omega_{\min}} = -1\text{H}.$$

Dadurch ist es formal möglich,

$$Z^{(1)}(p) = Z(p) - pL_1 = \frac{p^3 + 2p^2 + p + 2}{p^2 + p + \frac{1}{2}}$$

zu schreiben. Obwohl zunächst eine Graderhöhung eintritt, setzen wir unsere Untersuchung fort. Abb. 3.13c zeigt den durch diese Gleichung bedingten Abspaltungs-

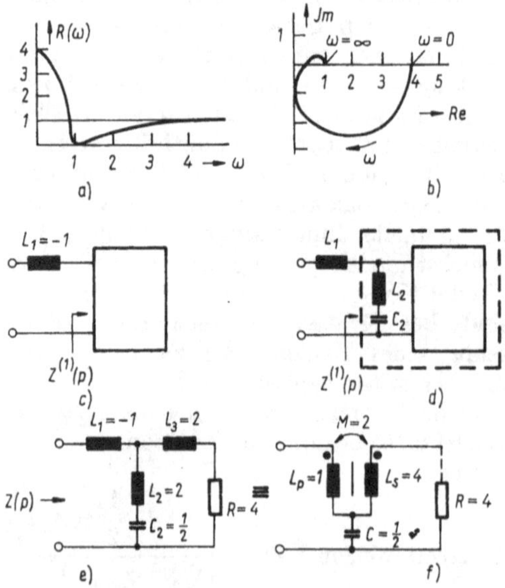

Abb. 3.13. *RLC*ü-Zweipol, der kanonisch $Z(p) = \dfrac{p^2 + \frac{1}{2}p + 2}{p^2 + p + \frac{1}{2}}$ realisiert

a) Realteilverlauf von $Z(j\omega)$
b) Ortskurve von $Z(j\omega)$ mit ω als Parameter
c) Abspaltung einer negativen Induktivität L_1
d) L_1 und „Nachschaltung", die bei ω_{min} Kurzschluß erzeugt
e) Zweipolrealisierung mit negativem L_1
f) Kanonischer *RLC*ü-Zweipol mit einem gekoppelten Induktivitätspaar und einem C als „Energiespeicher".

prozeß. $Z(j\omega)$ kann offenbar durch die Induktivität L_1 nur bei $\omega_{\min} = 1$ repräsentiert werden. Wir müssen deshalb eine „Nachschaltung" ersinnen, die bei $\omega_{\min}$ Kurzschlußverhalten aufweist.

Durch einen auf $\omega_{\min}$ abgestimmten Reihenkreis, d. h. $\omega_{\min}^2 = \frac{1}{L_2 C_2} = 1$, kann das geschehen (s. Abb. 3.13d). Mathematisch heißt das: $Z^{(1)}(p)$ muß Null werden für $p = \pm j\omega_{\min} = \pm j\,1$, oder es muß ein Faktor $(p^2 + 1)$ im Zähler von $Z^{(1)}(p)$ bzw. im Nenner von $Y^{(1)}(p)$ vorhanden sein. Tatsächlich gilt stets

$$\frac{1}{Z^{(1)}(p)} = Y^{(1)}(p) = \frac{p^2 + p + \frac{1}{2}}{(p^2+1)(p+2)} \quad \text{mit der Partialbruchentwicklung}$$

$$= \frac{\frac{1}{2}p}{p^2+1} + \frac{1}{2p+4}$$

$$= \frac{\frac{1}{L_2}p}{p^2 + \frac{1}{L_2 C_2}} + \frac{1}{pL_3 + R}.$$

Abb. 3.13e zeigt die gesamte Zweipolrealisierung, die zunächst noch ein negatives Schaltelement ($L_1 = -1$) enthält. Da stets ein Spulenstern mit einer negativen Längsinduktivität durch einen idealen Übertrager mit endlichen Induktivitäten ersetzt werden kann, können wir als gleichwertig eine Realisierung nach Abb. 3.13f nennen.

Allgemein gelten die Äquivalenzbedingungen (Tafel 1.4)

$$\begin{aligned} L_p &= L_1 + L_2, & & & L_1 &= L_p - M, \\ L_s &= L_3 + L_2 & &\text{oder} & L_2 &= M, \\ M &= L_2, & & & L_3 &= L_s - M \end{aligned}$$

mit

$$k^2 = \frac{M^2}{L_p L_s} = \frac{L_2^2}{(L_1 + L_2)(L_2 + L_3)}. \tag{3.30}$$

Bei der speziellen Vorgabe handelt es sich um eine Zweipolfunktion 2. Grades. Da der BRUNE-Prozeß in jeder Stufe eine Graderniedrigung um 2 bringt, ist die Realisierung beendet. Allgemein wird das nicht der Fall sein. Wir müssen dann die Prozedur in gleicher Weise wiederholen.

Die Schaltungen sind kanonisch und im allgemeinen mit ohmschen Widerständen durchsetzt, die von der Realteilreduktion herrühren.

Beispiel 3.15

Vertrautwerden mit der mehrfachen BRUNE-Realisierung

Gegeben: $Z(p) = \dfrac{69{,}6p^4 + 71{,}6p^3 + 108{,}4p^2 + 41{,}6p + 28{,}8}{20p^4 + 53{,}6p^3 + 56p^2 + 33{,}6p + 16}$

Gesucht: Zugehöriger *RLCü*-Zweipol?

Lösung: $Z(p)$ hat keine abspaltbaren Reaktanzelemente.
Bestimmung von $R_{\min}$ (der 1. Stufe)
Aus $\operatorname{Re} Z(j\omega) = R(\omega)$

$$= \frac{1392\omega^8 - 2227{,}84\omega^6 + 3120{,}48\omega^4 - 1938{,}24 + 457{,}7}{(20\omega^4 - 56\omega^2 + 16)^2 + (-53{,}6\omega^3 + 33{,}6\omega)^2}$$

finden wir durch Differenzieren und Nullsetzen $\omega_{\min} = 1$ und damit $R_{\min} = 1$.
Für die verbleibende MWF gilt somit

$$Z_0(p) = Z(p) - 1 = \frac{49{,}6p^4 + 18p^3 + 52{,}4p^2 + 8p + 12{,}8}{20p^4 + 53{,}6p^3 + 56p^2 + 33{,}6p + 16}.$$

Da $Z_0(\omega_{\min}) = j\dfrac{1}{2} = j\omega_{\min} L_1$ auf die Abspaltung eines positiven L_1 hinweist, gilt

$$Z_0^{(1)}(p) = Z_0(p) - pL_1 = \frac{(p^2+1)(-10p^3 + 22{,}8p^2 + 12{,}8)}{20p^4 + 53{,}6p^3 + 56p^2 + 33{,}6p + 16}$$

mit der Zerlegung

$$\frac{1}{Z_0^{(1)}(p)} = \frac{Kp}{p^2 + \omega_{\min}^2} + \frac{1}{Z_0^{(2)}(p)} = \frac{\dfrac{1}{L_2}p}{p^2 + \dfrac{1}{L_2C_2}} + \frac{1}{Z_0^{(2)}(p)}.$$

Mit $K = \lim_{p \to j\omega_{\min}} \left[\frac{p^2 + \omega_{\min}^2}{p} \frac{1}{Z_0^{(1)}(p)} \right] = \frac{1}{L_2} = 2$ bzw.

$$C_2 = \frac{1}{L_2 \omega_{\min}^2} = 2$$

gilt

$$\frac{1}{Z_0^{(2)}(p)} = \frac{1}{Z_0^{(1)}(p)} - \frac{2p}{p^2 + 1} = \frac{40p^2 + 8p + 61}{-10p^3 + 22{,}8p^2 + 12{,}8},$$

das auch in der Form

$$Z_0^{(2)}(p) = pL_3 + Z_0^{(3)}(p)$$

$$= -p \frac{1}{4} + \frac{24{,}8p^2 + 4p + 12{,}8}{40p^2 + 8p + 16}$$

geschrieben werden kann; mit einer Deutung, wie in Abb. 3.14a skizziert.

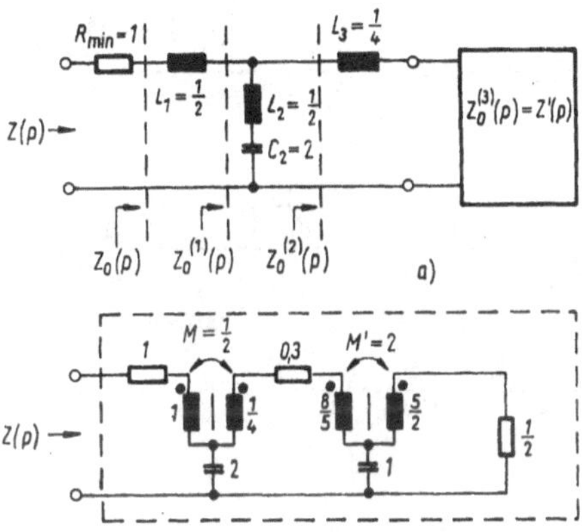

Abb. 3.14. *RLCü*-Zweipol, der kanonisch ein $Z(p)$ vierter Ordnung realisiert

a) Schaltung nach einer Gradreduzierung auf einen Restzweipol zweiter Ordnung

b) Kanonische Realisierung der Gesamtfunktion mit zwei gekoppelten Induktivitätspaaren und zwei C als Energiespeicher.

Bestimmung von $R'_{\min}$ (der 2. Stufe)

Mit $Z_0^{(3)}(p) = Z'(p)$ erhalten wir aus

$$\operatorname{Re} Z'(j\omega) = R'(\omega)$$

$$= \frac{62\omega^4 - 54{,}8\omega^2 + 12{,}8}{(-10\omega^2 + 4)^2 + (2\omega)^2}$$

durch Differenzieren und Nullsetzen $\omega'_{\min} = \frac{1}{2}\sqrt{2}$ und damit eingesetzt $R'_{\min} = 0{,}3$.

Für die verbleibende MWF gilt somit

$$Z_0'(p) = Z'(p) - 0{,}3 = \frac{3{,}2p^2 + 0{,}4p + 2}{10p^2 + 2p + 4}.$$

Da $Z_0'(\omega'_{\min}) = j\left(\frac{-0{,}4}{2}\sqrt{2}\right) = j\omega'_{\min} L_1'$ auf die Abspaltung eines negativen L_1' hinweist, gilt

$$Z_0'^{(1)}(p) = Z_0'(p) - pL_1' = \frac{2\left(p^2 + \frac{1}{2}\right)(p + 1)}{2p^3 + 2p^2 + p + 1}$$

mit der Zerlegung

$$\frac{1}{Z_0'^{(1)}(p)} = \frac{K'p}{p^2 + \omega'^2_{\min}} + \frac{1}{Z_0'^{(2)}(p)} = \frac{\frac{1}{L_2'}p}{p^2 + \frac{1}{L_2'C_2'}} + \frac{1}{Z_0'^{(2)}}.$$

Mit $K' = \lim\limits_{p \to j\omega'_{\min}} \left[\frac{p^2 + \omega'^2_{\min}}{p} \frac{1}{Z'^{(1)}(p)}\right] = \frac{1}{L_2'} = \frac{1}{2}$

bzw.

$$\frac{1}{L_2'\omega'_{\min}} = 1$$

gilt

$$\frac{1}{Z_0'^{(2)}(p)} = \frac{1}{Z_0'^{(1)}} - \frac{\frac{1}{2}p}{p^2 + 1} = \frac{2}{p + 1},$$

das auch in der Form

$Z_0'^{(2)} = pL_3' + Z_0'^{(3)} = \frac{1}{2}p + \frac{1}{2}$ geschrieben werden kann.

Damit ist die in Abb. 3.14a verbliebene „Restfunktion“ $Z_0^{(3)}(p) = Z'(p)$ vollständig abgebaut. Durch Transformation der „Spulensterne mit negativen L“ in realisierbare gekoppelte Spulen (= Übertrager) erhalten wir eine Gesamtschaltung, wie in Abb. 3.14b skizziert.

3.2. Kurzer Rück- und Ausblick

Zum Kennenlernen wird für sog. Zweipolsiebschaltungen bzw. Dämpfungsentzerrer eine „Direktlösung“ des Entwurfsproblems für die einfachsten Strukturen mit Tiefpaß-, Hochpaß-, Bandpaß- und Bandsperren-Charakteristik vorgelegt. Auf Grund von Punktforderungen betreffend den Frequenzgang, kann (durch Auswertung von Analysezusammenhängen) sofort für eine zugehörige Struktur die Bemessung berechnet werden. Wegen der normierten Darstellung sind die Resultate für Anwendungen in „allen“ Frequenzbereichen nutzbar. Bezugnehmend auf systemtheoretische Grundlagen werden rationale Positive Funktionen als zulässige Immittanzfunktionen erkannt und gesetzmäßig formuliert. Auf Besonderheiten für die wichtigsten *LC*- und *RC*-Zweipolfunktionen wird explizit verwiesen, und ihre Merkmale werden in Tafeln gebrauchsgerecht formuliert. Ferner werden praktische Testmethoden und spezielle Eigenschaften gezeigt. In einem Approximationsabschnitt werden die zugehörigen Probleme zunächst unter verschiedenen Aspekten erklärt und an bestimmten Beispielen mit Vorschriften über eine Sollfunktion im Zeitbereich bzw. mit einem Toleranzfeld für vorgeschriebene Frequenzcharakteristiken im einzelnen beschrieben.

Schließlich wird der Übergang Zweipolfunktion → Zweipol als eigentliche Realisierung besprochen. Beginnend bei den Zweielemente-Funktionen *LC* und *RC* werden die bekannten kanonischen Zweipolstrukturen erläutert und an Beispielen Einzelheiten demonstriert. Da aus Toleranzgründen und wegen fertigungstechnischer Vorteile kopplungsfreie Schaltungen grundsätzlich zu bevorzugen sind, werden die Bott-Duffin-Prozedur und das Miyate-Verfahren in den Prinzipien verständlich gemacht und ebenfalls Beispiele durchgerechnet. Da bei diesen Varianten die Anzahl der Schaltelemente bei höheren Graden sehr rasch anwächst, wird zusätzlich die Brune-Realisierung, die auf kanonische *RLC*ü-Zweipole führt, erläutert. Für das grundsätzliche Verständnis begnügen wir uns mit dieser Auswahl. Die vorgestellten Verfahren ließen sich durch eine Vielzahl von Modifikationen ergänzen, da eine große Anzahl von Forschern jahrelang über Verbesserungen nachgedacht bzw. solche Ergänzungen verwirklicht haben. Beispiele dafür sind in [C 3], [P 10], [R 10], [S 2] zu finden. Wir begnügen uns hier aus mehrfachen Gründen mit dem repräsentativen Querschnitt.

Interessant ist, zu erkennen, daß als erster schlüssig und mit einer „technischen Lösung" E. Brune die allgemeine zulässige Zweipolfunktion nicht nur definiert, sondern trotz ursprünglich negativer Elemente (als Mathematiker störte ihn das offenbar nicht sonderlich, und wir müssen sagen „zum Glück") auch allgemein realisieren konnte. So gesehen ist es ein Musterprozeß für neue Entdeckungen.

Allgemeiner können die Zweipolrealisierungen in zwei Gruppen eingeteilt werden.

Einmal handelt es sich um Methoden, die aus dem *fortgesetzten Abbau des geraden Teils* folgen. Dabei ist zu unterscheiden der

— Abbau von Nullstellen mit Realteilreduktion (Methode von O. Brune, Ergebnis: Kanonische Zweipole mit meist mehreren ohmschen Widerständen)

— Abbau von Nullstellen ohne Realteilreduktion (Methoden von S. Darlington [D 11], W. Cauer

[C 1], R. UNBEHAUEN [U 10], Ergebnis: Zweipole mit nur einem ohmschen Widerstand, die im Regelfall nicht kanonisch sind.)

Besondere praktische Bedeutung hat der DARLINGTON-Ansatz für *einseitig belastete LC*-Vierpole, die als Filterschaltungen Bedeutung haben. Sein Verfahren benutzt Zusammenhänge zwischen der Zweipolfunktion und den Vierpolparametern. Durch Erweiterungsfaktoren kann stets eine „realisierbare Übertragungsimpedanz" hergestellt werden und das Ergebnis sind i. a. *LCü*-Vierpole mit einem ohmschen Lastwiderstand, dessen Eingangsfunktion die vorgegebene Zweipolfunktion darstellt. Bemerkenswert ist die Basisidee, die auf der Gleichheit der Wirkleistungen auf der Primär- und Sekundärseite des Vierpols beruht. Im Filterfall, d. h., bei symmetrischen oder antimetrischen Vierpolen, entstehen kopplungsfreie Strukturen mit gut abgleichbaren Zweigen. (Wichtige Einzelheiten dazu s. Band 2.)

Die zweite Gruppe ist charakterisiert durch die summenmäßige Zerlegung des geraden Teils mit den Varianten

— Zerlegung mit Erweiterungsfaktoren
(Methoden von R. BOTT und J. DUFFIN, F. MIYATA. Ergebnis: Kopplungsfreie Zweipole.)

— Zerlegung ohne Erweiterungsfaktoren
(Methoden von F. MIYATA und R. UNBEHAUEN. Dieser Lösungsweg existiert nicht immer. Ergebnis: Elementesparende kopplungsfreie Zweipole.)

Ergänzungsliteratur

Bücher: [B 2], [C 1], [C 3], [C 4], [F 3], [G 2], [K 4], [O 1], [R 1], [R 2], [S 2], [S 3], [T 1], [U 2], [V 2], [W 1], [W 2].

Aufsätze: [B 12], [B 13], [D 11], [F 12], [F 14], [F 15], [F 16], [K 10], [M 11], [P 10], [R 10], [U 10], [U 11], [W 10], [W 11].

Literaturverzeichnis[1])

A. Bücher

* [B 1] BODE, H. W.: Network Analysis and Feedback Amplifier Design. V. Nostrand, Princeton, 1945
* [B 2] BESSONOW, L. A. (БЕССОНОВ, Л. А.): Линейные Электрические Цепи, высшая школа, Москва, 1974
* [C 1] CAUER, W.: Theorie der linearen Wechselstromschaltungen. Akademie-Verlag, Berlin, 1954

[C 2] CHEN, W. H.: The Analysis of Linear Systems. McGraw-Hill, New York, 1963

[C 3] CHEN, W. H.: Linear Network Design and Synthesis. McGraw-Hill, New York, 1964

[C 4] CARRÉRE, A.: Synthèse des Circuits Passifs. Masson et Cie, Paris, 1974.

[D 1] DESOER, A. C., u. E. S. KUH: Basis Circuit Theory. McGraw-Hill, New York, 1969

[F 1] FRITZSCHE, G.: Systeme, Felder, Wellen. VEB Verlag Technik, Berlin, 1976

[F 2] FELDTKELLER, R.: Einführung in die Siebschaltungstheorie. Hirzel-Verlag, Stuttgart, 1963

* [F 3] FRITZSCHE, G.: Entwurf linearer Schaltungen. VEB Verlag Technik, Berlin, 1962

[F 4] FRITZSCHE, G.: Wissensspeicher Informationsübertragung. VEB Verlag Technik, Berlin, 1977

[F 5] FRITZSCHE, G.: Theoretische Grundlagen der Nachrichtentechnik. VEB Verlag Technik, Berlin, 1976

[1]) Sowohl bei speziellen Textstellen als auch am Ende jedes Hauptabschnittes wird eine Literatur*auswahl* zitiert. Die Hinweise sind durch den Anfangsbuchstaben des Autors und eine fortlaufende Zahl (1···9 für Bücher, ≧ 10 für Originalaufsätze) gekennzeichnet. Innerhalb der Anfangsbuchstaben sind sie nicht alphabetisch geordnet. Zusätzlich werden Bücher mit einem umfangreichen Literaturverzeichnis mit einem Stern * versehen, damit der Leser rationell zum Quellenstudium vordringen kann.

[F 6] FISCHER, R., E. PADELT u. H. SCHINDLER: Physikalisch-technische Einheiten – richtig angewandt. VEB Verlag Technik, Berlin, 1975

[F 7] FELDTKELLER, R.: Einführung in die Vierpoltheorie der elektrischen Nachrichtentechnik. Hirzel-Verlag, Stuttgart, 1962

[G 1] GEWERTZ, C. M.: Network Synthesis. Williams & Wilkins Co, Baltimore, 1933

* [G 2] GUILLEMIN, E. A.: Synthesis of Passive Networks, John Wiley & Sons, New York, 1957

[H 1] HERRERO, J. L., WILLONER, G.: Synthesis of Filters. Prentice-Hall, Englewood Cliffs, 1966

[K 1] KÜPFMÜLLER, K.: Die Systemtheorie der elektrischen Nachrichtentechnik. Hirzel-Verlag, Stuttgart, 1974

[K 2] KLEIN, W.: Vierpoltheorie. BI Wissenschaftsverlag, Mannheim, 1972

[K 3] KUO, F. F.: Network Analysis and Synthesis. John Wiley & Sons, New York, 1962

[K 4] KUH, E. S., PEDERSON, D. O.: Principles of Circuit Synthesis. McGraw-Hill, New York, 1959

[K 5] KRESS, D.: Theoretische Grundlagen der Signal- und Informationsübertragung, Akademie-Verlag, Berlin, 1977

[M 1] MASON, S. J., u. H. J. ZIMMERMANN: Electronic Circuits, Signals and Systems, John Wiley & Sons, New York, 1960

[O 1] ORTUSI, J.: Synthèse des Circuits. Masson et Cie, Paris, 1967

[P 1] PAULI, W.: Vierpoltheorie. Akademie-Verlag, WTB-Reihe Bd. 135, Berlin, 1974

*[R 1] RUPPRECHT, W.: Netzwerksynthese, Springer-Verlag, Berlin, 1972

[R 2] RUSTON, H., u. J. BORDOGNA: Electric Networks: functions, filters, analysis, McGraw-Hill, New York, 1966

[S 1] SCHÜSSLER, W.: Digitale Systeme zur Signalverarbeitung. Springer-Verlag, Berlin, 1973

[S 2] SAUER, R., u. I. SZABÓ (Hrsg.): Mathematische Hilfsmittel des Ingenieurs, Teil I. Springer-Verlag, Berlin, 1967

[S 3] STORER, J. E.: Passive Network Synthesis. McGraw-Hill, New York, 1957

*[T 1] TUTTLE, D. F.: Network Synthesis, Vol. I. John Wiley & Sons, New York, 1958

[U 1] Unbehauen, R.: Systemtheorie. Oldenbourg-Verlag, München, 1969

*[U 2] Unbehauen, R.: Synthese elektrischer Netzwerke. Oldenbourg-Verlag, München, 1972

[V 1] van Valenburg, M. E.: Network Analysis. Prentice-Hall, London, 1965

[V 2] van Valenburg, M. E.: Introduction of Modern Network Synthesis. John Wiley & Sons, New York, 1960

*[W 1] Weinberg, L.: Network Analysis and Synthesis. McGraw-Hill, New York, 1962

[W 2] Wunsch, G.: Theorie und Anwendung linearer Netzwerke, Teil I und II. Akademische Verlagsgesellschaft Geest & Portig KG, Leipzig, 1961/1964

B. Originalaufsätze

[B 10] Bening, F.: Erweiterte Maschenstrom-Matrizenanalyse für Netze mit Spannungs- und idealen Stromgeneratoren. WZ Universität Rostock **24** (1975), Mathem.-Naturwiss. Reihe, S. 383–386

[B 11] Bening, F.: Knotenspannungs-Matrizenanalyse bei Netzwerken mit idealen Strom- und Spannungsgeneratoren. WZ Universität Rostock **24** (1975), Mathem.-Naturwiss. Reihe, S. 387–392

[B 12] Brune, O.: Synthesis of a Finite Two-Terminal Network Whose Driving-point Impedance Is a Prescribed Function of Frequency. J. Math. Phys. **10** (1931), S. 191–236

[B 13] Bott, R., u. J. Duffin: Impedance Synthesis without the Use of Transformers, J. Appl. Phys. 20 (1949), S. 816

[D 11] Darlington, S.: Synthesis of Reactance Four-poles. J. Math. Phys. **18** (1939), S. 257–353

[F 10] Fritzsche, G.: Entwurf von $\overline{m}$-Ketten. Interne Technische Mitteilungen aus dem RFZ **9** (1965), S. 1–38

[F 11] Fritzsche, G.: Normierungen und Frequenztransformationen bei elektrischen Netzwerken. WZ TU Dresden **10** (1961), S. 1211–1221

[F 12] Foster, R. M.: A Reactance Theorem. Bell System Techn. J. **3** (1924), S. 259–267

[F 13] Fritzsche, G.: Technische Netzwerkeigenschaften – funktionentheoretisch gesehen. WZ TH Dresden **7** (1957/58), S. 341–354

[F 14] FRITZSCHE, G.: Netzwerke mit vorgeschriebener Wurzelcharakteristik in einem breiten Frequenzband. Hochfrequenztechnik u. Elektroakustik **72** (1963), S. 87 – 93

[F 15] FRITZSCHE, G.: Entwurf von Kabelnachbildungen in einem breiten Frequenzband. Nachrichtentechnik **13** (1963), S. 89–95

[J 10] JENTSCHEL, H.-J.: Ein Beitrag zum Entwurf selektiver Schaltungen mit Hilfe von Optimierungsverfahren. Dissertation, HfV Dresden 1974

[K 10] KAUTZ, W. H.: Network synthesis for specified transient responce. MIT, Techn. Rept. 209 (1952)

[M 10] MITRA, S. K.: On the Construction of a Positive Real Impedance from Given Even Part, Proc. IEEE (correspondence) **51** (1963), S. 1267

[M 11] MIYATA, F.: A New System of Two-terminal Synthesis. J. Inst. Electr. Engrs. (Japan) **35** (1952), S. 211–218

[P 10] PANTELL, R. H.: A New Method of Driving Point Impedance Synthesis. Proc. IRE **42** (1954), S. 861

[R 10] REZA, F. M.: Synthesis without the Use of Ideal Transformers, J. Appl. Phys. **25** (1954), S. 807

[R 11] RUPPRECHT, W., u. H. WOLF: Brunesche und Tellegensche Energiefunktionen, Arch. elektr. Übertr. **25** (1971), S. 489–492

[T 10] TELLEGEN, B. D. H.: The Gyrator, a New Electric Network Element. Philips Res. Rept. **3** (1948), S. 81 bis 101

[T 11] TELLEGEN, B. D. H.: A General Network Theorem with Applications. Philips Res. Rept. **7** (1952), S. 259–269

[U 10] UNBEHAUEN, R.: Neuartige Verwirklichung von Zweipolfunktionen durch kanonische oder kopplungsfreie Schaltungen. Dissertation, TH Stuttgart, 1957

[U 11] UNBEHAUEN, R.: Über die Lösung der Approximationsprobleme bei der Synthese elektrischer Zweipole. Habilitationsschrift, TH Stuttgart, 1962

[W 10] WERDIN, K.: Zur numerischen Durchführung von Realisierbarkeitskriterien für Zweipol- und Zweipolbetragsfunktionen, Nachrichtentechnik **19** (1969), S. 230–233

[W 11] WERDIN, K.: Ein Beitrag zur gleichmäßigen Approximation mittels Zweipolbetragsfunktionen, Dissertation, HfV Dresden, 1973

Symbolverzeichnis

Schreibweise der Größen und Funktionen

u, i	bezogene (komplexe) Amplituden
$u(t)$, $i(t)$, $f(t)$, $n(t)$	zeitabhängige Funktionen
U, I	(i. a. komplexe) Effektivwert-Amplituden, herrührend von der symbolischen Wechselstromrechnung
$U(\omega)$, $I(\omega)$, $F(\omega)$, $N(\omega)$	(komplexe) Amplitudendichte-Funktionen, herrührend von $\mathscr{F}\{u(t)\}$, $\mathscr{F}\{i(t)\}, \ldots$
U^*, I^*	konjugiert komplexe Größen
$U(p)$, $I(p)$, $F(p)$, $N(p)$	(komplexe) Bildfunktionen, herrührend von $\mathscr{L}\{u(t)\}$, $\mathscr{L}\{i(t)\}, \ldots$
$F(j\omega)$, $N(j\omega)$, $T(j\omega)$	stationäre (komplexe) Frequenzfunktionen
$R(\omega)$, $G(\omega)$, $A(\omega)$, $B(\omega)$	reelle Frequenzgänge (Teilfunktionen) (komplexe)
V	Leistungswellen
$\boldsymbol{Z} = \begin{pmatrix} Z_{11} Z_{12} \\ Z_{21} Z_{22} \end{pmatrix}$	Matrizen
Δ, ΔZ	Determinanten
Ge, z. B. $\mathrm{Ge}\, f(t) = f_g(t)$ $\mathrm{Ge}\, N(p) = N_g(p)$	Gerader Teil von ...
Un, z. B. $\mathrm{Un}\, f(t) = f_u(t)$ $\mathrm{Un}\, N(p) = N_u(p)$	Ungerader Teil von ...
Re, z. B. $\mathrm{Re}\, Z(j\omega) = R(\omega)$	Reeller Teil von ...
Im, z. B. $\mathrm{Im}\, Y(j\omega) = S(\omega)$	Imaginärer Teil von ...

Alle Signal- und System- bzw. Netzwerkgrößen werden bei üblichen Bezeichnungen *normiert* dargestellt, d. h. ohne physikalische Einheiten. (Einzelheiten s. Abschn. 1.3).

Formelzeichen

Lateinische Buchstaben

$A(p)$	Polynomfunktion
$A(\omega)$	Dämpfung, Dämpfungs-Charakteristik
$A_B(\omega)$	Betriebsdämpfung, Betriebsdämpfungs-Charakteristik
$\boldsymbol{A}$, $A_{\mu\nu}$	Kettenmatrix, Kettenparameter
$\boldsymbol{A}'$, $A'_{\mu\nu}$	Inverse Kettenmatrix, Inverse Kettenparameter
$B(p)$	Polynomfunktion
$B(\omega)$	Phase, Phasen-Charakteristik
$B_B(\omega)$	Betriebsphase, Betriebsphasen-Charakteristik
$\boldsymbol{B}$, $B_{\mu\nu}$	Betriebskettenmatrix, Betriebskettenparameter
c_n	Koeffizienten der (komplexen) FOURIER-Reihe
C	Kapazität
$D(p)$	Drosselungsfunktion, Charakteristische Funktion
$D(\omega)$	Drosselung, Drosselungs-Charakteristik
f	Frequenz
$f(t)$	Zeitfunktion
F	Korrespondenzfunktion zu $f(t)$
$F(p)$	Polynomfunktion
$g(t)$	Gewichtsfunktion
G	(komplexer) Leitwert
$G(p)$	Polynomfunktion
$G(\omega)$	Realteilfunktion von $Y(j\omega)$
$h(t)$	Kausale Zeitfunktion
$H(p)$	Bildfunktion, Polynomfunktion
H, $\overline{H}$	Hilfsfunktion
i	bezogener Strom
$i(t)$	Stromzeitfunktion
I	Korrespondenzfunktion von $i(t)$
k	Kopplungsfaktor
K	konstanter Faktor
$\boldsymbol{K}$, $K_{\mu\nu}$	Allgemeine Vierpolmatrix, allgemeine Vierpolparameter
L	Induktivität
L_ν	abhängige Veränderliche der allg. VP-Gleichungen
L', L''	unabhängige Veränderliche der allg. VP-Gleichungen
m	Grad, Anzahl der unabh. Maschen
M	Gegeninduktivität
W_ν	Lastimmittanzen bei Vierpolen

N_ν	Betriebsimmittanzen bei Vierpolen
p	Komplexe (Kreis-) Frequenz
P	Wirkleistung
Q	Güte, Gütefaktor
R	Ohmscher Widerstand
R_1, R_2	(komplexe) Lastwiderstände bei Vierpolen, (komplexe) Widerstände
R	(reeller) Bezugswiderstand
$R(\omega)$	Realteilfunktion von $Z(j\omega)$
s	Anzahl der separaten Teile eines Netzwerkes
$\mathbf{S}, S_{\mu\nu}$	Streumatrix, Streuparameter
t	Zeit
T	Übertragungsfunktion, Übertragungsfaktor, Korrespondenzfunktion von $g(t)$
T_B	Betriebsübertragungsfunktion, Betriebsübertragungsfaktor
$T_{gr}(\omega)$	Gruppenlaufzeit, Gruppenlaufzeit-Charakteristik
T_0	Periodendauer
$T_{ph}(\omega)$	Phasenlaufzeit, Phasenlaufzeit-Charakteristik
u	bezogene Spannung
$u(t)$	Spannungszeitfunktion
U	Korrespondenzfunktion von $u(t)$
$ü$	Übersetzungsverhältnis
$ü(t)$	Übergangsfunktion
V_e, V_a	Leistungswelle (einlaufend, auslaufend)
$X(\omega)$	Imaginärteil von $Z(j\omega)$
Y	(komplexer) Leitwert
Y_1, Y_2	Betriebsleitwerte eines VP,
$\mathbf{Y}, Y_{\mu\nu}$	Leitwertmatrix, Leitwertparameter
Z	(komplexer) Widerstand
Z_1, Z_2	Betriebswiderstände eines VP

Griechische Buchstaben

δ	Kennwert für die Approximation im DB
$\delta(t), \delta(\omega)$	Einheitsstoßfunktion, DIRAC-Impuls
Δ	Determinante, Fehlerfunktion, Kennwert für die Approximation im Sperrbereich SB)
λ	Abkürzung für $j\omega$ (bei der stationären Analyse)
σ	Realteil der komplexen (Kreis-)Frequenz p
$\bar{\sigma} = \sigma$	Betrag von σ
$\Phi(\omega)$	Winkel, Winkel-Charakteristik

ω	Kreisfrequenz, Imaginärteil von p
ω_B	Bezugs(kreis)frequenz
ω_0	Grund(kreis)frequenz

Abkürzungen

Anti-H-Polynom	Anti-Hurwitz-Polynom
AP	Allpaß
BP	Bandpaß
BS	Bandsperre
DB	Durchlaßbereich
$\mathcal{F}$	Fourier-Transformation
$\mathcal{F}^{-1}$	Inverse Fourier-Transformation
HF	Hochfrequenz
HP	Hochpaß
H-Polynom	Hurwitz-Polynom
$\mathcal{L}$	Laplace-Transformation
$\mathcal{L}^{-1}$	Inverse Laplace-Transformation
LF	Leitwertfunktion
LHE	Linke Halbebene
lg	Zehnerlogarithmus
ln	Natürlicher Logarithmus
MIF	Minimum-Immittanz-Funktion
MLF	Minimum-Leitwert-Funktion
MRF	Minimum-Reaktanz-Funktion
MSF	Minimum-Suszeptanz-Funktion
MWF	Minimum-Widerstands-Funktion
N	Nullstelle
NW	Netzwerk
P	Pol
PF	Positive Funktion
Res	Residuum
RHE	Rechte Halbebene
SB	Sperrbereich
TP	Tiefpaß
ü	Idealer Übertrager
VP	Vierpol
WF	Widerstandsfunktion
ZP	Zweipol
ZT	Zweitor

Sachwortverzeichnis

Der Autor

- **erklärt die Bedeutung des Netzwerkentwurfs als Querschnittsaufgabe und wichtige Grundlagen der Signal- und Systemtheorie**

- **erläutert ausgewählte Methoden der Netzwerkanalyse für Analogschaltungen**

- **stellt Entwurfsgesetze für passive Analogzweipole systematisch zusammen**

- **zeigt die Wirksamkeit der dargelegten Methoden an ausgewählten Beispielen**

- **wendet sich an Interessenten der Wissensgebiete Elektronik, Elektrotechnik, Nachrichtentechnik, Physik und Mathematik**

WISSENSCHAFTLICHE TASCHENBÜCHER

MIX
Papier | Fördert
gute Waldnutzung
FSC® C083411

Zeitfracht Medien GmbH
Ferdinand-Jühlke-Straße 7
99095 Erfurt, Deutschland
produktsicherheit@kolibri360.de